ZHIWU JIANYI HE SHENGHUO

植物检疫和生活

主编 ———— 于成德　田宝良

河南大学出版社
HENAN UNIVERSITY PRESS

· 郑州 ·

图书在版编目（CIP）数据

植物检疫和生活 / 于成德，田宝良主编 . -- 郑州：
河南大学出版社，2020.9（2022 年 8 月重印）
ISBN 978-7-5649-4450-6

Ⅰ . ①植… Ⅱ . ①于… ②田… Ⅲ . ①植物检疫－基
本知识 Ⅳ . ① S41

中国版本图书馆 CIP 数据核字 (2020) 第 172638 号

责任编辑　马　博　展文婕
责任校对　解远文
封面设计　李雪艳

出版发行　河南大学出版社
　　　　　地　　址　郑州市郑东新区商务外环中华大厦 2401 号
　　　　　邮　　编　450046
　　　　　电　　话　0371-86059701（营销部）
　　　　　网　　址　hupress.henu.edu.cn
排　　版　河南大学出版社设计排版部
印　　刷　郑州印之星印务有限公司
版　　次　2020 年 9 月第 1 次版
印　　次　2022 年 8 月第 2 次印刷
开　　本　890 mm×1240 mm　1/32
印　　张　8.75
字　　数　230 千
定　　价　28.00 元

《植物检疫和生活》编委会

主　编：于成德　田宝良

参　编：李志芳　杨中领

目　录

第一章

生活中的植物检疫

一、植物检疫是什么

植物检疫与我们每个人息息相关，关系着大家生活的方方面面。比如，随着我国人民生活水平的提高，很多人会选择出境旅行，在出境旅游中往往会从国外带回水果等农产品，这可能导致有害生物传入我国。又如，近年来我国电子商务发展迅猛，出现消费者网上购买未经检疫的盆栽植物的现象，这就可能导致有害生物在国内传播。生活中我国不少地区还存着擅自运输未经检疫的木材、苗木及木制品的现象，这也可能导致有害生物交叉传播。所以，农民引进农作物新品种，需要进行调运检疫。因为这些现象的存在，我们必须重视植物检疫知识，和检疫机构一起共同防御危险性有害生物。

植物检疫作为植物保护工作中有效的经济的一个措施，具有阻止和防范的意义，它的产生和广泛应用经历了一个长期的历史发展过程。欧洲中世纪流行肺鼠疫、霍乱和疟疾等多种疫病，资本主义最早发展起来的城邦威尼斯规定外来船只到达后，船员在船上停留四十天，通过观察后才能上岸。因此，"检疫"一词的原意就是四十天。植物检疫开始于19世纪中期，当时法国从美国引进种苗使得葡萄根瘤蚜传入欧洲，对当地葡萄酒产业影响巨大，许多国家开始立法禁止可能带有有害生物的种苗的运输。马铃薯甲虫最初为害美国，此后随着马铃薯贸易传播到其他国家。1873年，法国、英国、德国等国家明令禁止从美国调运马铃薯入境。1881年，相关国家签订了防治葡萄根瘤蚜蔓延的国际公约，不少国家也陆续颁布了禁止某些农产品进口的法规，从而促使在1951年产生了《国际植物保护公约》

（International Plant Protection Convention，IPPC）。

　　植物检疫在生活中起着非常重要的作用，普通老百姓在生活中也会遇到植物检疫的问题。比如，常有农民在互联网上了解某地有好品种时，就不假思索地引种。这样的引种会产生不少问题，如检疫有害生物的传入和扩散、植物病害的蔓延等。农民在异地引种时需要关注种子公司的检疫证是否合规，避免造成无法挽回的损失。

　　科学合理的植物引种能够增加植物种质的多样性，提高栽培植物抗病虫、抗逆境的能力，也可以提高产量，同时改善作物的品质。但是，在植物生长过程中许多有害生物种类可以随人为调运植物传播开去，在新的环境中这些有害生物生存繁衍，有时迅速扩散就会造成严重的危害，产生巨大的经济损失。

　　通过植物检疫，安全引进各类农林业新品种，在发展现代农林业和丰富人民物质文化生活方面做出了贡献。比如油橄榄、甜叶菊、西洋参、香石竹和郁金香等的引种。

　　植物检疫对象与一般防治对象不同，植物检疫针对的都是法律法规及双边协定等规定的危险性特别大的有害生物，重点防范的是植物和植物产品的流通环节。大自然中的各种生物存在着千丝万缕的联系，各类病原物引起的植物病害在各地区普遍存在，而植物检疫的对象一般在本地没有分布或者分布较少，一旦传入本地区发生疫情就会造成严重危害。

　　对植物检疫和一般防治的有害生物所采取处理的要求不同。植物检疫处理的效果要求彻底杀灭有害生物，一般的植物保护防治效果要求将有害生物的为害程度控制在经济允许的阈值或防治指标以下。

一般防治中还要考虑生态效益和环境保护，这和检疫处理后的彻底杀灭有害生物有所不同。

植物保护工作包括预防或杜绝、铲除、免疫、保护和治疗等五个方面，"预防为主，综合防治"是植物保护工作的方针。其中综合防治的内容一般包括植物检疫、农业防治、生物防治、物理防治和药剂防治等。现实生活中植物检疫是植物保护领域中的一个重要部分，包括植物保护中的预防、杜绝或铲除的各个方面。植物检疫是最有效、最经济、最值得提倡的植物保护方法，甚至是某一有害生物综合防治计划中的唯一具体措施。

二、植物检疫的由来和内涵

检疫最早的应用是在 1403 年，当时的威尼斯贸易繁荣。为了检查进港船上人员是否感染威胁人们生命的黑死病、霍乱、鼠疫等传染性疾病，威尼斯规定从外边驶抵的船只，必须强制在港外停泊 40 天。停泊 40 天后，船员方可登陆，以便观察船员是否带有传染病。这种最初在国际港口对旅客执行卫生检查的一种措施演变为现在的"检疫"。最早的植物检疫事例是法国鲁昂地区为防止小麦秆锈病而提出铲除中间寄主小檗并禁止输入的法令。植物检疫历史在国外已有一百多年，在中国也经历了几十年。植物检疫已成为一个主权国家普遍建立的法律制度，并成为当今世界植物保护的一项重要组成部分。1929年，《国际植物保护公约》（IPPC）在意大利罗马产生，促进了国际间植物检疫工作的开展。此后，世界各国先后建立了植物检疫制度。世界贸易组织（WTO）的《实施卫生与植物卫生措施协议》（SPS 协议）将 IPPC 作为植物检疫标准，使得 IPPC 在 SPS 协议中具有重要地位。为了更加有效地开展工作，联合国粮食及农业组织（FAO，简称联合国粮农组织）在 1992 年建立了 IPPC 秘书处。从 20 世纪 90 年代开始，IPPC 秘书处和各国植物保护组织开始制定"植物检疫措施国际标准（ISPMs）"，现已制定 43 个国际植物检疫措施标准。

ISPMs 是协调贸易伙伴之间的植物保护规则，贸易双方共同遵守 ISPMs，并以其为依据来解决国际贸易中的植物卫生检疫争端。1991 年我国正式颁布了《中华人民共和国进出境动植物检疫法》，1996 年国务院发布了《中华人民共和国进出境动植物检疫法实施条例》。我国现行的《中华人民共和国农业法》《中华人民共和国森林法》《中华人民共和国野生植物保护条例》等多部法律法规中都有涉及植物检疫管理的具体条文。

植物检疫（Phytosanitary）是一个国家或地区政府为防止检疫性有害生物的进入或传播而由官方采取的所有措施。植物检疫的概念在不断发展并日趋完善。植物检疫的狭义定义是为防止危险性有害生物的人为传播而进行的隔离检查与处理。植物检疫的广义定义是指为防止危险性有害生物随植物及植物产品的人为调运传播，由政府部门依法采取的治理措施。有害生物（Pest）是指为害或可能为害植物及植物产品的生命有机体。非限定的有害生物是指已经广泛发生或普遍分布的有害生物，有些在日常生活中是常见的，这些有害生物在植物检疫中没有特别重要性，属于非检疫的有害生物。限定的有害生物是指在一个国家或地区未发生或虽然发生但正在进行官方防治的、有潜在经济重要性的有害生物，是由国家法律法规规定的需要对其采取限制措施的有害生物。检疫性有害生物是指对某一地区具有潜在经济重要性，但在该地区尚未存在或虽存在但分布未广并正由官方控制的有害生物。为阻止对植物有严重危害的有害生物传播，需要对有害生物进行风险分析，提出检疫决策，制定与执行检疫法律、法规。植物检疫作为一项国家主权，反映一个国家的经济实力和科技水平。植物检疫的直接作用在于给国家挡住了大量有害生物的入侵，例如小麦矮星黑穗病菌、地中海实蝇、印度尾孢黑粉菌等。在对外贸易和发展创汇农业方面，植物检疫起着特殊的作用。植物检疫的直接经济效益表现在通过检疫的实施直接为国家创造财富。植物检疫的间接经济效益表现在虽然不能直接创造财富，但可能避免财富损失。植物检疫也有显著的社会效益，通过做好植物检疫工作，可以保护农林业安全生产，对国家兴旺发达具有重要意义。植物检疫的生态效益也是明显的，做好植物检疫工作，充分发挥其在植物保护中的预防和防患作用，能够使农林业生产获得更大的生态效益。植物检疫的立足点在于通过对人类活动的限制达到控制有害生物传播，这就需要有各方面都接受的法规，同时符合国际惯例。公民了解和遵守植物检疫法规是社会发展的要求，能够促进植物检疫工作的正常开展，使检疫结果的权威性得到保障。

植物检疫坚持预防为主，防御与铲除相结合（预防与铲除并举）。预防是指通过有害生物信息风险分析，建立植物检疫法规和检疫性有害生物名单；一旦某地传入危险性有害生物，植物检疫部门通过检测和处理技术，采取一切措施予以铲除。植物检疫立足于国内，放眼于世界（国际与国内相结合），植物检疫的目的是既要保护本国的植物免受外来有害生物的危害，又要防止本国的有害生物扩散到别的国家或地区去。植物检疫的目的一是预防和推迟植物病虫、杂草等有害生物，特别是危险性病虫的传入；二是帮助扑灭、控制或延缓已传入的任何有害生物的蔓延。

三、国外的植物检疫

世界各国植物检疫基本类型有如下几种。一是环境优越型的国家，例如韩国、日本、澳大利亚等具有水域屏障的国家，在这些国家有害生物自然传播很难，控制人为传播和入侵更为重要，检疫要求特别严格，出境较宽松。二是大陆型发达国家，例如美国和加拿大，国家之间地理接壤，相互之间检疫较宽松，但对外检疫要求特别严格。三是大陆型经济共同体，成员国之间地理接壤，如欧盟等，制定了统一的植物检疫原则和措施，相互之间检疫非常宽松，进境非常严格，出境较宽松。四是大陆型发展中国家，例如中国、印度、智利、南非等，进境出境都较为严格。五是工商业城市型国家或地区，例如新加坡和香港等，进境的种用产品非常严格，对植物产品较宽松。

美国植物检疫工作是由美国联邦政府农业部管理。美国农业部在全国设立 15 个入境植物检疫站，负责执行所在地区的植物检疫工作，另外，在马里兰州设置有一个设备现代化的大型国家植物引进种质资源隔离检疫中心。美国农业部植物保护与检疫处负责执行国内外植物检疫法规，与各州联合进行农业有害生物合作调查项目，将调查得到的有害生物资料输入国家农业有害生物信息系统，使得内地检疫和口岸检疫协调一致，统一对有害生物进行监测与控制。美国州与州之间也实行检疫，但重点是对有检疫对象的州进行。美国对种子和苗木的进口控制严格，国家引进种质资源隔离检疫中心具体开展引进苹果、梨、桃等核果类作物和薯类，以及水稻等禾谷类作物的引进隔离试种检疫工作。除隔离检疫中心外，美国还有 10 个类似的隔离检疫中心，分别负责甘蔗、葡萄、李等果树试种检疫工作。美国植物检疫中需要检疫许可的植物和植物产品主要分为五大类：植物、种子和繁殖材料，水果和蔬菜，原木和木材，特殊批准的小麦和法规禁止的水稻、土壤、棉花、切花、玉米等。植物和植物产品开始起运到美国之前，进口商必须取得进口检疫许可。美国是世界最大的农产品出口国，出口植物和植物产品占美国经济的一大部分。美国动植物检疫局植物保护和植物检疫人员负责出口植物和植物产品的检疫检验，保证外销农产品不带病虫。近些年，美国动植物检疫局植物保护和植物检疫人员与中国相关部门人员通过举行双边会谈，已就苹果、柑橘、葡萄、樱桃等农产品输出中国大陆达成协议，有条件地允许进口。美国农业部制定统一的标准对要求进口的出口植物和植物产品实施检疫检验。植物保护和植物检疫人员出具两种类型的植物检疫证书，一类是为美国国内植物和植物产品出具检疫证书，另一类是为国外植物和植物产品提供再出口检疫证书。美国的有害生物风险评估基本是按照《有害生物风险分析准则》（国际植物检疫措施标准）的步骤和要求进行的，有害生物风险评估分常规分析方法（定性方法）和非常规分析方法（定量方法），两种方法都需要先确定检疫性有害生物和评估传入后的后果及评估传入的可能性。为有效监测美国国内植物有害生物，美国农业部设有农业有害生物调查监测项目，由联邦与各州植物保护和植物检疫人员共同实施农业有害生物调查合作方案，并将病虫害调查信息汇编成全国农业有害生物信息系统。美国是较早在有害生物风险评估基础上对进口水果根据有害生物风险大小实行检疫管理的国家之一，美国检疫法规规定所有外国水果在进入美国之前必须完成特定的检疫处理。

四、中国的植物检疫

中国的植物检疫经历了萌芽、创始和发展的过程。20 世纪 30 年代初，是中国检验检疫发展史上一个重要年代，负责商品检验和动物检疫的商品检验局、负责植物检疫的农产物检查所（后与商品检验局合并）、负责口岸卫生检疫的海港检疫管理总处相继成立，并设立了大量分支机构。原实业部商品检验局曾制订《植物病虫害检验实行细则》，于 1934 年 10 月公布施行，但仅在上海、广州等少数口岸执行。除了外商公证行以外，原先由外国人把持或由地方政府设立的检验检疫机构统一收归中央政府领导，出入境检验检疫第一次达到发展高潮。

1949 年后，中国在对外贸易部商品检验局下设置了植物检疫机构，建立了全国统一的植物检疫制度，颁布了《输出输入植物病虫害检验暂行办法》，并陆续在中国海陆口岸开展对外植物检疫工作，而国内植物检疫则由农业部负责管理。检验检疫业务量逐渐得到了恢复，机构开始不断扩大，完全收回了检验主权，检疫工作走向稳步发展的轨道。1960 年开始，各地检验检疫机构陆续下放，实行以地方领导为主的双重领导体制，成为各级外贸和卫生主管部门的组成部分。1965 年起对外植物检疫工作由商品检验部门移交各地农业行政主管部门，对外检疫和国内检疫统一由农业部管理，一些重要的国境口岸设立了动植物检疫所，负责口岸动植物检疫工作。1966 年颁发了《关于执行对外植物检疫的几项规定》和《进口植物检疫对象》名单，相继制订了《关于植物检疫操作规程》，并在各重要口岸陆续建立了动植物检疫所。1978 年还重新建立了植物检疫实验所。20 世纪 70 年代开始，检验检疫工作率先开始了拨乱反正，各级商品检验局很快就恢复了正常秩序，卫生检疫工作也逐渐恢复正常，并在部分地区开始承接原先由卫生防疫站和卫生局负责进口食品卫生监督检验工作。20 世纪 80 年代初原农牧渔业部专门设置了中华人民共和国动植物检疫总所。到 1986 年，在国际通航港口、机场、陆地边境、国界江河的口岸已设立了植物检疫机构 40 余处，在大多数省的省会和自治区首府设立了植物检疫站近 20 处，县以上的国内检疫机构 1600 余处。经 1986 年 1 月修订的《中华人民共和国进口植物检疫对象名单》，包括菜豆象等害虫 28 种、松材线虫等线虫 6 种、栎枯萎病等病原真菌 15 种、梨火疫病等病原细菌 3 种、可可肿枝病等病毒类病原物 6 种，以及五角菟丝子等杂草 3 种。同时还首次公布了包括种子、种薯等 6 类植物在内的禁止进口的植物名单。中国自 20 世纪 50 年代以来曾先后与捷克斯洛伐克等 10 个国家签订了有关植物检疫的双边协定。改革开放以后，为了适应形势的需要，各级检验检疫机构又陆续划归中央垂直领导，进口食品卫生监督检验工作也于 1987 开始统一由各级卫生防疫部门和卫生行政部门移交给各级卫生检疫所负责，逐渐形成了以国家进出口商品检验局、农业部动植物检疫局和卫生部卫生检疫局分别领导下的"三检"共同把关、各负其责的检验检疫体制。检验检疫工作在各自归口管理部门的领导下，开始实现跨越式发展，取得了辉煌成就。1998 年，为改变"三检"各成系统、机构林立、职能重叠、效率低下等现状，将原国家进出口商品检验局、卫生部卫生检疫局和农业部动植物检疫局合并组建成中华人民共和国国家出入境检验检疫局，各直属、分支检验检疫局也于 1999 年完成了改革。2001 年 4 月 30 日，国务院决定将国家质量技术监督局、国家出入境检验检疫局合并，组建中华人民共和国国家质量监督检验检疫总局（简称质检总局），出入境检验检疫事业迎来了飞速发展的绝佳历史机遇。

2018 年 3 月，根据第十三届全国人民代表大会第一次会议批准的国务院机构改革方案，将国家质量监督检验检疫总局的职责整合，组建中华人民共和国国家市场监督管理总局；将国家质量监督检验检疫总局的出入境检验检疫管理职责和队伍划入海关总署。改革后，国家质量监督检验检疫总局不再保留。这一变革，与进出口活动密切相关。海关与质检部门（出入境检验检疫）的合并，最直接的变化是进出境监管的执法主体发生改变，此外，也必将带来进出境监管模式、执法流程等一系列变化。随着质检总局的出入境检验检疫管理职责和队伍划入海关总署，设在全国的各级出入境检验检疫机构也将并入所在地的各级海关。改革后口岸管理体制进一步优化，部门管理条线更加清晰。此前说了多年的口岸 3 家查验单位，即海关、边检、检验检疫，从此以后变为 2 家即海关和边检。部门职责更加清晰，管理体制相对优化。

第二章

生活中的植物检疫法规

一、植物检疫法规的起源与发展

1660 年，法国提出铲除中间寄主小檗并禁止输入以防治小麦秆锈病的法令，这是世界上首次利用法律手段防治植物病虫害。1854年，葡萄根瘤蚜虫（*Viteus vitifoliae*）最早在美国发现，广泛存在于纽约和德克萨斯等地的野生美洲葡萄上。1860 年根瘤蚜病传入法国，我国在 1892 年从法国引进葡萄种苗时该病虫害传入。19 世纪下半叶，世界葡萄酒业经历了一场根瘤蚜病浩劫，这场没有硝烟的战争几乎完全改变了 19 世纪后的葡萄种植。这种蚜虫长度不足 1 mm，几乎难以被肉眼察觉到。根瘤蚜虫攻击葡萄树根并汲取根上汁液，通过土壤裂纹从一株葡萄树传播到另一株，也可以通过风、机械或人的迁徙进行长距离传播。至 19 世纪 80 年代，根瘤蚜虫病毁灭法国葡萄园约 100 万公顷。随后整个欧洲被此病害波及，欧洲葡萄酒业受到了重大打击。1873 年德国针对葡萄根瘤蚜公布了《禁止栽培葡萄苗进口令》，1881 年有关国家签订了防治葡萄根瘤蚜的国际公约，进而导致《国际植物保护公约》（International Plant Protection Convention, IPPC, 1951）的产生。

1877 年印度尼西亚禁止从锡兰（现在的斯里兰卡）进口咖啡植物和咖啡豆，这是亚洲地区最早的一个植物检疫禁令。

棉花红铃虫（*Pectinophora gossypiella*）属于鳞翅目麦蛾科害虫，1843 年最早在印度被发现。1907 年由印度传入埃及，此后各植棉国陆续发现红铃虫。在全世界 80 多个植棉国中，除罗马尼亚、匈牙利和哈萨克斯坦、乌兹别克斯坦等少数几个植棉国没有见到红铃虫危害报道外，70 多个国家均有红铃虫危害发生，红铃虫成为国际植物检疫对象之一。

马铃薯甲虫最早在美国发生危害，后又传入欧洲。法国在 1873 年明令禁止从美国进口马铃薯，1873 年英国也颁布了禁止毁灭性昆虫传入的法令。此后，俄国在 1873 年、澳大利亚在 1909 年、美国在 1912 年、日本在 1914 年、中国在 1928 年相继颁布法令禁止某些农产品调运入境。

1912 年美国通过《植物检疫法》，1944 年美国通过《组织法》授权主管单位负责有害生物的治理及检疫工作，1957 年美国颁布《联邦植物有害生物法》对植物检疫工作进行补充和修订。植物检疫法规呈现出由单项规定向综合性法规发展的趋势。

二、植物检疫法规的基本内容

植物检疫法规是指为了防止植物危险性病、虫、杂草及其他有害生物由国外传入和国内传播蔓延，保护农业和环境，维护对内对外贸易信誉，履行国际义务，由国家制定的法令对进出口和国家地区间调运的植物及其产品进行检疫检验与监督处理的法律规范的总称。

《国际植物保护公约》（IPPC）由联合国粮农组织（FAO）颁布，1929 年 4 月 16 日在罗马签订，其主要任务是加强国际间植物保护的合作，更有效地防治有害生物及防止植物危险性有害生物的传播，统一国际植物检疫证书格式，促进国际植物保护信息交流，是目前植物保护领域参加国家最多、影响最大的一个国际公约。包括前言、条款（共 15 条）、证书格式附录三个方面。《植物检疫措施国际标准》（International standards for Phytosanitary Measurements，ISPMs）由 FAO 下属的 IPPC 秘书处发布，共 29 个措施标准。包括与国际贸易有关的植物检疫原则，有害生物风险分析准则，外来生物防治物的输入和释放行为准则，主要针对处理释放到环境中的生物防治物（掠食物、寄生物和病原体等）、不育昆虫、有益生物（传粉介体、菌根菌等）及生物防治制剂的输入输出问题。

《实施卫生与植物卫生措施协定》（Agreement on the Application of Sanitary and Phytosanitary Measures，SPS）由世界贸易组织（WTO）颁布。总的原则是促进国家间贸易发展，保护成员国动植物健康，减少因动植物检疫对贸易的消极影响。所有世界贸易组织成员都必须遵守的。包括条款（14 项）及附件（3 个）。

全世界有 9 个区域性植物保护组织，亚洲和太平洋植物保护委员会（Asian and Pacific Plant Protection Commission，APPPC），1956 年成立，总部在泰国曼谷，现有成员国 25 个，中国 1990 年加入。欧洲和地中海地区植物保护组织（European and Mediterranean Plant Protection Organization，EPPO），1951 年成立，总部在法国巴黎，成员国 52 个。北美洲植物保护组织（North American Plant Protection Commission，NAPPO），1976 年成立，总部在加拿大渥太华，成员国 3 个。

检疫双边协定、议定书是国际条约的两种，也是最常用的文本形式。双边检疫协定是两个政府间就其检疫业务达成的一致意见，双方共同信守和实施的国际文本，在两个国家内具有法律效力。议定书是两国间相应的政府主管机构就某一方面的业务通过友好协商达成的一致意见，具有法律效力。备忘录是双边就某事协商，以文字形式记录表述其结果，没有法律效力，是签署协定和议定书的过渡文件。

三、中国植物检疫法规简介

1983 年国务院颁布了《中华人民共和国植物检疫条例》，1992 年修订，这是目前我国进行国内检疫的依据。农业部和国家林业局分布颁布了各自的《实施细则》，还同时颁布了农业和林业上的检疫对象名单和应施检疫物名单；省级农业、林业主管部门发布地方补充植物检疫性有害生物名单。1992 年颁布的《中华人民共和国进出境动植物检疫法》是第一部出全国人民代表大会颁布的以动植物检疫为主题的法律。《中华人民共和国进出境动植物检疫法实施条例》是为了更具体地贯彻执行检疫法而制定的实施方案，也是检疫法的组成部分。2000 年颁布的《中华人民共和国种子法》是有关对种子进行检疫的法律。《中华人民共和国森林法》规定，林业主管部门负责林木种苗的检疫；《中华人民共和国邮政法》规定，未经检疫部门许可的邮件，邮政企业不得运递。

1992 年，国家质检总局发布实施的《中华人民共和国进境植物检疫危险性病、虫、杂草名录》列出危险性病虫害与杂草 84 种，其中一类的有 33 种，包括菜豆象、地中海实蝇、谷斑皮蠹等 10 种昆虫；二类的有 51 种，其中包括非洲大蜗牛、美国白蛾、稻水象甲、巴西豆象等昆虫、螨虫及软体动物 30 种。2007 年，国家质检总局会同农业部、国家林业局共同制定的《中华人民共和国进境植物检疫性有害生物名录》包括 435 种检疫性有害生物。《中华人民共和国进境植物检疫性有害生物名录》更新至 2017 年 6 月，共计 441 种检疫性有害生物。

1995 年农业部公布《全国植物检疫对象》，其中害虫 17 种，包括菜豆象、四纹豆象、马铃薯甲虫、稻水象甲、柑橘大实蝇、柑橘小实蝇、蜜柑大实蝇、苹果蠹蛾、苹果绵蚜、美国白蛾、葡萄根瘤蚜、芒果果肉象甲、芒果果实象甲、美洲斑潜蝇、小麦黑森瘿蚊、谷斑皮蠹、咖啡旋皮天牛。2006 年农业部公布新的《全国农业植物检疫性有害生物名单》，其中昆虫类的有 17 种，包括菜豆象、四纹豆象、马铃薯甲虫、稻水象甲、柑橘小实蝇、柑橘大实蝇、蜜柑大实蝇、苹果蠹蛾、苹果绵蚜、美国白蛾、葡萄根瘤蚜、芒果果肉象甲和芒果果实象甲、三叶斑潜蝇、椰心叶甲、蔗扁蛾、红火蚁。

1996 年林业部发布森林植物检疫对象名单 35 种，其中 19 种昆虫，包括杨干象、松突圆蚧、苹果蠹蛾、美国白蛾、双钩异翅长蠹、枣大球蚧、日本松干蚧、湿地松粉蚧、落地松种子小蜂、泰加大树蜂、大痣小蜂、黄斑星天牛、柳蝙蛾、杨干透翅蛾、锈色粒肩天牛、双条杉天牛、苹果绵蚜、梨圆蚧、杏仁蜂。2003 年，国家林业局公布的 233 种林业危险性有害生物名单，其中昆虫及螨类 156 种，病原微生物 53 种，有害植物 24 种。2004 年国家林业局公布 19 种新的林业检疫性有害生物名单，其中昆虫 11 种，包括杨干象、松突圆蚧、苹果蠹蛾、美国白蛾、双钩异翅长蠹、枣大球蚧、红脂大小蠹、椰心叶甲、蔗扁蛾、红棕象甲、青杨脊虎天牛。2005 年补充了刺桐姬小蜂为森林植物检疫对象。2008 年将枣实蝇增列为全国林业检疫性有害生物。

四、我国现行的植物检疫体系与职能

2018 年 4 月 20 日，中国出入境检验检疫局正式划入海关总署，并成为海关总署重要部门，口岸的进出境植物检疫由海关总署管理；国内植物检疫由农业农村部和国家林业和草原局分别负责，国内县级以上各级植物检疫机构受同级农业或林业行政主管部门领导。

我国的植物检疫机构是按照《中华人民共和国进出口动植物检疫法》和《植物检疫条例》的规定而设立的，而检疫机构的职责和任务又是根据我国现行的植物检疫体制规定来划分的。目前，对外植物检疫工作由国务院直接领导，国家海关总署统一管理全国出入境植物检疫工作。国家林业和草原局林政保护管理机关和各省（区、市）、各地（市）县森林病虫防治站，负责森林植物检疫工作。农业农村部和各省（区、市）农业农村厅，主管农业植物检疫工作。省、市（州）、县级植物检疫机构是代表国家行使当地农业植物检疫行政管理职权的基层植物检疫机构，受同级农业主管部门和上级业务主管部门的领导和监督。基层植物检疫机构贯彻《植物检疫条例》和地方人民政府发布的植物检疫规章和规范性文件，宣传普及植物检疫知识；拟定和实施当地的植物检疫工作计划；开展植物检疫对象调查，编制当地的植物检疫对象分布资料，负责植物检疫对象的封锁、防治和消灭工作；在种子、苗木及其繁殖材料的繁育和农产品生产交易场所执行检疫任务，对调入的种子、苗木和其他繁殖材料，必要时进行复检。监督和指导引种单位进行消毒处理和隔离试种；协助有关部门建立无植物检疫对象的种苗繁育、生产基地；地市级植物检疫机构受理公民、法人或其他组织对县级植物检疫机构行使处罚的复议申请。

第三章

生活中有害生物风险的分析

一、有害生物风险分析简介

有害生物风险分析（Pest Risk Analysis，PRA）是通过评估生物学、经济学和其他学科等方面的证据，确定某种有害生物是否应予管制以及管制所采取的植物检疫措施力度的过程。随着世界经济全球化发展和国际贸易往来增多，各国之间的植物及植物产品贸易不断增加。因为植物检疫在保护农业生态环境安全和人类健康等方面具有很大作用，所以植物检疫作为促进国际贸易进行的措施，对植物及植物产品贸易的影响越来越大。有害生物风险分析要求所采取的检疫措施需要根据对环境和生物健康的风险评估，同时需要依据有关国际组织制定的评估方法。

有害生物风险分析的发展分为三个阶段：一是从 19 世纪 70 年代到 20 世纪 20 年代的起步阶段，这是有害生物传入可能性的研究阶段；二是 20 世纪 20 年代至 80 年代中后期的有害生物风险分析发展阶段，也称作有害生物适生性研究阶段；三是 20 世纪 90 年代以后的有害生物风险分析成熟阶段。1872 年俄法两国为防止马铃薯甲虫曾经明令禁止从美国进口马铃薯，标志着有害生物风险分析的开始。初期的风险分析以简单的生物学特性为依据，对传入的可能性进行研究，做出的检疫决策只是是否允许该植物或植物产品进口。20 世纪初，Cook 将气候因子引入外来生物风险分析领域，Weltzien 将地理植物病理理论引入有害生物风险分析。某一物种从原产地到达非原产地，就会带来在原产地所没有的影响，这种影响的大小根据具体情况发生改变。为了合理地将原本模糊的影响程度进行具体量化，20 世纪 80 年代有害生物风险分析正式产生。到 20 世纪 90 年代，对风险评估的研究从传入的可能性转到传入后的定植可能性，风险的概念进入到有害生物风险评估中来。1991 年北美植物保护组织（NAPPO）提出由生物体传入或扩散引发的对植物或植物产品风险分析步骤，1995 年联合国粮食及农业组织（FAO）颁布《有害生物风险分析准则》，表明有害生物风险分析已转入到有害生物对生态环境和社会经济影响的综合评估阶段。

当前有害生物风险分析在各国广泛开展。在 20 世纪 70 年代以前，在美国定殖的外来物种仅仅昆虫类就有 1000 种以上。为了有效地控制外来物种入侵，保护美国农业生产和生态环境安全，科学家们应用有害生物分析模型对每种有害生物进行打分，得分越高的物种，可能存在的危险性越大。在澳大利亚，有害生物风险分析使用的主要工具有有害生物数据库、CLIMEX、专家系统、地理信息系统等。加拿大有害生物风险分析分为有害生物风险评估、有害生物风险管理和有害生物风险交流三个阶段，将有害风险分析的起点并入了有害生物风险分析评估中，其独特的有害生物风险分析交流阶段对于全球范围综合交流提供了典范。在新西兰，植物有害生物风险分析程序已经被列为国家标准，应用于植物检疫的管理阶段。

我国的有害生物分析工作起步较早，在制定植物检疫政策方面发挥了重要作用。1916 年我国植物病理学家邹秉文提出对外来病虫害的传入进行防范，是国家有害生物风险分析工作的开端。1981 年原农业部植物检疫实验所的研究人员开展了危险性病虫杂草的检疫重要性评价研究，对引进植物及植物产品进行检疫重要性程度的评价。

在此基础上建立了有害生物疫情数据库和各国病虫草害名录数据库，为我国有害生物风险分析工作的开展奠定了基础。1991 年原农业部检疫性病虫害的危险性评估研究的启动标志着我国有害生物风险分析工作的展开。改革开放以来我国农产品贸易在国民经济中的地位越来越重要，农业的快速发展和贸易的日益繁荣给危险性病虫草害人为远距离传播提供了条件。植物检疫在保护农业生产安全的同时，被许多国家作为限制贸易发展的主要技术壁垒。为了取消贸易壁垒，当今各国经济贸易谈判一致强调植物检疫必须建立在科学合理的有害生物风险性分析基础上。1995 年世界贸易组织成立以后，有害生物风险分析成为国际卫生和动植物协议（SPS）和国际植物保护公约（IPPC）的重要内容，1996 年 FAO 制定了有害生物风险分析准则（Guidelines for Pest Risk Analysis），2001 年 FAO 制定了检疫性有害生物的风险分析原则（Pest Risk Analysis for Quarantine Pests）。我国有害生物风险分析工作在遵循国际规则的基础上按照有关检疫政策和有关国家农产品进入的具体情况进行分析，输入新的植物及植物产品前都要进行相应的风险评估，有害生物风险分析已经成为我国检疫工作中的重要环节。

二、有害生物风险分析方法

有害生物风险分析包括有害生物的分布、传播、定殖和危害等方面的生物学因子，也包括检疫与防治的效果和代价，同时考虑社会经济和政治等相关因素。目前国际公认的有害生物风险分析程序上分为三个阶段。第一个阶段是有害生物风险分析的开始阶段，也就是评估目标的筛选。启动有害生物风险分析通常有三种原因，一是基于某一类特定的有害生物本身，二是基于传播有害生物的寄主因素，三是因为检疫政策的修改。第二个阶段是有害生物风险评估阶段，包括有害生物的名单的初步确定，经过传入、定居和扩散危险性分析，最后确定有害生物的危险性。第三个阶段是有害生物的风险管理阶段，通过评价不同检疫措施的效果，制定减少或降低有害生物危险性的措施，为检疫决策服务。在进行具体有害生物风险分析操作时，必须首先收集与有害生物风险评估相关的生物学及人类活动影响因素等方面的信息，在收集信息基础上，利用有害生物风险评估模型和技术手段，对风险性指标进行逐条评价和综合评估。最后提出可行的检疫措施，为有害生物的检疫决策提供依据。

　　有害生物风险评估方法分为人工分析和计算机分析两大类。人工分析是依据基本数据和经验，由检疫人员进行直观比较和分级而得出结果，这是传统风险性分析研究人员所采取的方法。第二类是计算机分析方法，随着计算机技术的发展而得到越来越多的应用。计算机分析是借助数据库和数学模型，由计算机完成分析，从而降低了人工分析带来的误差，促进了有害生物风险分析的发展，为植物检疫科学决策提供了更为可靠的依据。

　　目前应用于有害生物风险计算机分析的系统大致分为四类。一是气候统计学方法，通过建立气候因子数据库，比较各地点间气候的相似程度，据此预测有害生物潜在的适生地分布。二是生物种群生长模型，通过模拟生物种群在已知地点的生长情况，确定生长的模型参数，利用该参数来分析生物种群在未知地点的生长情况，由此预测种群的潜在适生地分布。此类模型可以用生态气候指标定量表征生物种群在不同时期和地区的生长潜力，从而预测不同地点和同一地点的不同时期的种群生长潜力。三是地理信息系统。地理信息系统对一般属性数据和空间属性数据进行管理，可以将两者进行结合分析和管理，为预测生物种群分布和有害生物监测等提供了新方法。四是专家系统。专家系统是依据储存在计算机里的专家知识和经验，结合用户提供的信息、数据和事实，模仿专家思维方式进行推理和判断，对用户提出的问题进行专家水平的解答。1991 年，Sutherst 等提出可用于有害生物风险分析的类专家系统（PESKY）。通过分析气候、植被分布、地理因子等生态因素，以及检疫管理和人类活动等非生态因素，对有害生物风险性进行综合评价。

定量为有害生物风险分析提供了统一依据。在进行定量以前，必须先通过专家咨询，制定出合理的有害生物风险分析模型，根据模型，列出分析因子的指标层和亚指标层。模型是有害生物风险评估工作的骨架，是合理有序开展有害生物风险评估的指导依据。

三、有害生物风险分析的意义

有害生物风险分析不仅是一种实施风险分析的手段，给植物检疫的决策带来了全面变革。植物检疫从过去的被动检疫走向了现在的主动预测与降低风险的检疫。有害生物风险分析在确定某种有害生物为检疫性有害生物，实现植物检疫管理的规范化方面具有重要的意义。有害生物风险分析能够促进农产品解禁，同时拒绝有潜在危险性的农产品的入境，在增加市场准入机会以及作为正当的技术手段来促进国际贸易等方面有着重要作用。此外，在生物安全备受关注的今天，植物检疫工作对于国家的生物安全的保证，以及社会的稳定和谐都有重要意义。

我国把植物检疫作为对危险性有害生物进行科学管理的一种综合性预防系统，是涉及社会、经济和自然的系统工程。有害生物风险分析以某一有害生物为中心，对植物检疫这一预防系统进行分析评估并提供检疫决策依据。我国建立有农业气候相似距库，对甜菜锈病、小麦1号病、美国白蛾等重要植物检疫性有害生物开展了计算机研究，进行了一系列植物危险性病虫草害适生地研究，包括谷斑皮蠹、假高粱、小麦矮腥黑穗病菌、马铃薯甲虫、梨火疫病菌、桔小实蝇、稻水象、板栗害虫、松材线虫、菜豆象、褐云玛瑙螺等有害生物在我国的适生性研究。我国先后组成了昆虫、真菌、细菌、线虫、病毒和计算机专家工作组对有害生物的社会环境、经济和生态综合影响进行评估，许多重大检疫性有害生物的风险性分析及其检疫管理为我国在国际贸易活动中争取了有利空间。

进行有害生物风险分析无论是从保护农业生产方面或促进国际贸易方面考虑都很必要。

随着新的世界贸易体制的运行，开展有害生物风险分析工作既是遵守《实施卫生与植物卫生措施协定》协议及其透明度原则的具体体现，又强化了植物检疫对贸易的促进作用，增强本国农产品的市场准入机会，从而可坚持检疫作为正当技术壁垒的作用，充分发挥检疫的保护功能。有害生物风险分析不仅使检疫决策建立在科学的基础上，而且是建议决策的重要支持工具，使检疫管理工作符合科学化、国际化的要求。

国际贸易中货物的流动带来植物病虫草等有害生物异地传播的事件难以避免，随着科技水平的提高，人们对风险分析和管理的能力也在增强。从哪个国家或地区进口什么货物，那里有什么有害生物，哪些可以随货物带入，其可能性多大，带入后是否适生，会带来哪些危害，怎样避免这一系列事件的发生，这些既与每次贸易直接相关，更与经济社会长远发展和人们生命安全健康密切相关。世界贸易组织的多边贸易规则《实施卫生与植物卫生措施协定》（1994）明确要求各成员国家或地区在制订植物卫生措施时必须以风险分析为依据。联合国粮农组织下属的国际植物保护公约秘书处已经制定了有害生物风险分析的标准，包括《有害生物风险分析准则》《检疫性有害生物风险分析准则》和《限定的非检疫性有害生物的风险分析准则》等有害生物风险分析标准。

有害生物在自然界分布具有区域性，各个生物间在长期的自然选择中处于一种相互依存、互相容忍、互相制约的相对稳定的自然生态平衡。每种生物都有一定的地理分布范围，在每一个地理区域都有一定的生物种群分布，这就构成了有害生物的区域分布。随着目前国际交流的日益频繁，人为传播有害生物的作用也日益扩大，因而人为传播有害生物的作用也更为突出。有害生物传入新区后具有潜在危险性。如果新区气候条件不适宜，或无寄主植物，或无传病媒介，就不可能成为传入有害生物的分布区。如果新区与原产地在气候、寄主等生态条件相近似，或传入有害生物的适生性强，新区成为新分布区乃至严重危害区。而一旦发生这样的情况，新区的气候条件和其他环境条件比如传播媒介等较原产地更利于新传入有害生物的生长、繁殖和危害。因为新区寄主抗性弱，为新引进的有害生物提供更有利的繁殖、流行寄主条件，或者新传入有害生物由于适应新区的生态条件而发生变异，形成了致病力更强的病原菌生理小种、菌系或毒素。

按照国际标准，有害生物指任何对植物或植物产品构成伤害或破坏的任何植物、动物或病原体的种、株（品系）或生物型。植物有害生物包括害虫、病原真菌、病原原核生物（细菌、植原体、螺原体）、植物病毒（病毒和类病毒）、杂草、病原线虫、软体动物和其他有害动物等。检疫性有害生物是指对某一地区具有潜在经济重要性，但在该地区尚未存在或虽存在但分布未广并正由官方控制的有害生物。限定的非检疫性有害生物是一种在进口国虽有广泛分布，但存在于进境的种植材料上，并将对其原有用途将造成不可接受的损害的非检疫性有害生物，因而进口方的法律、法规可以规定对其采取检疫措施。两者之间具有明显区别，检疫性有害生物检疫要求针对任何传播途径，该类有害生物无分布或分布极有限，其经济影响可以预期。如果检疫性有害生物存在，目标必须是根除或封锁在官方控制之下。限定的非检疫性有害生物检疫要求只针对种植材料，该类有害生物已存在并可能分布广泛，其经济影响已经知道，是处于特定种植用植物的有害生物，官方目标是抑制其危害。

植物检疫疫区是指由官方划定的发现有检疫性有害生物存在与危害，并正由官方采取措施控制中的地区。低度流行区指经主管当局认定，某种有害生物发生水平低，并已采取了有效的监测、控制或根除措施的地区。缓冲区指特定有害生物未发生或处于低度流行区并加以官方控制的、为防止有害生物扩散而采取植物检疫措施的地区。控制区是国家植物保护组织确定为防止特定有害生物从疫区扩散所必需的最小的限定区域。保护区指国家植物保护组织为有效保护受威胁地区而确定的必要的最小的限定区域。非疫区是指有科学证据证明未发现某种有害生物并由官方维持的地区。非疫产地是指科学证据表明特定有害生物没有发生并且官方能保持此状况达到规定时间的地区。非疫生产点是指科学证据表明特定有害生物没有发生，并且官方能保持此状况达到规定时间的，其在产地内作为一个单独单位，以非疫产地相同方式加以管理的限定部分区域。

第四章

生活中的植物检疫程序

我国的植物检疫工作在发展中借鉴历史传统和国际经验，植物检验检疫法规的实施已形成了一个体系完整、监管要素齐备的执法监督体系。检验检疫法规具有强制性的监管措施，其中最主要的是货物的进出口和出入境都要通过海关监管措施，未经检验检疫并取得有效证书和放行单据就无法通关过境。检验检疫部门的强制性报检签证程序和抽样检查程序随之发挥监督机制，使有关法律法规能够有效实施。合同规定凭检验检疫部门检验证书交货结算和对外索赔的，没有证书无法装船结汇和对外索赔，植物检疫起到了监督与制约作用。生活中的植物检疫程序包括检疫许可、检疫申报、现场检验、检疫监管和实验室检测等。

一、检疫许可

检疫许可是指在调运、输入某些检疫物或引进禁止进境物时，输入单位须向当地的植物检疫机关提出申请，检疫机关经过审查做出是否批准引进的法定程序。通过检疫许可能够向出口国家或地区提出相关的检疫要求，从而有效地预防有害生物，特别是检疫性有害生物的传入。国际贸易中通过检疫许可能够避免盲目进口，并且有助于进行合理索赔。

办理检疫许可有以下条件：必须事先提出申请；需详细说明需要引进的品名、品种、产地以及引进的特殊需要和使用方式；必要时还需提供具有符合检疫要求的监督管理措施。

有以下情况发生，需要重新申请办理检疫许可手续：变更了进境物的品种或数量；变更了进境口岸；变更了输出国或地区；超过了检疫许可有效期。

二、检疫申报

检疫申报是有关检疫物进出境或过境时由货主或代理人向植物检疫机关及时声明并申请检疫的法律程序。国内植物调运时，一般没有检疫申报这项手续。检疫申报的有关检疫物包括输入、输出以及过境的植物、植物产品、装载植物或植物产品的容器和材料、输入货物的植物性包装物、铺垫材料以及来自植物有害生物疫区的运输工具等。

检疫申报由报检员凭报检员证向检疫机关办理以下手续：填写报检单；将报检单、检疫证书、产地证书、贸易合同、信用证、发票等单证一并交检疫机关。有以下情况需要办理报检变更：在货物运抵口岸后、实施检疫前，从提货单中发现原报检内容与实际货物不相符；出境货物已报检，但原申报的输出货物品种、数量或输出国家需做改动；出境货物已报检，并经检疫或出具了检疫证书，货主又需做改动。

受理报检时需货主或其代理人提供以下单证资料：入境货物报检单；进境动植物检疫许可证（适用于水果、粮食等国家质检总局规定需要审批的植物及植物产品）；引进种子、苗木审批单或引进林木种子苗木和其他繁殖材料检疫审批单（适用于种子、苗木和繁殖材料）；输出国家或地区官方植物检疫证书；产地证书；品质证书（适用于粮食等）；卫生证书（适用于粮食、水果等）；贸易合同或信用证及发票；海运提单或装箱单；代理报检委托书（适用于代理报检时用）；农业转基因生物安全证书和转基因产品标识文件；其他单证和资料等。

受理报检需评审以下情况：报检人应具备报检资格；审核上述报检资料的完整性；审核上述报检资料签字、印章、有效期、签署日期和表述内容等，确认其是否真实、有效，进境动植物检疫许可证、输出国家或地区官方植物检疫证书、卫生证书必须提供原件，必要时需进行验证；审核入境货物报检单、合同或信用证、发票、进境动植物检疫许可证或农林部门审批单（证）、输出国家或地区官方植物检疫证书等单证的内容是否一致，报检单填写是否符合规定要求。经审核符合出入境检验检疫报检规定的，接受报检。否则，不予受理报检。

入境清关货物，应在进境前或进境时向入境口岸检验检疫机构报检，由入境口岸检验检疫机构实施检验检疫。入境清关货物，需调离到指运地实施检验检疫或因口岸条件限制等原因确实无法在入境口岸完成检验检疫的货物，入境口岸检验检疫机构可办理相关调离手续，并将货物流向的有关信息通知指运地检验检疫机构，由指运地检验检疫机构实施检验检疫。入境转关货物，除海关总署特殊规定和进境植物检疫许可证及检疫审批要求在入境口岸实施检验检疫的，应由指运地检验检疫机构受理报检并实施检验检疫。大宗散装货物、易腐烂变质货物、废旧物品、疫区货物由入境口岸受理报检。输入种子、种苗及其他繁殖材料的，应当在入境前七天报检。

三、现场检验

现场检验是检疫人员在现场环境中对应检疫物进行检查、抽样，初步确认是否符合相关检疫要求的法定程序。

现场检查主要内容包括以下方面：在检查运输工具时，检疫人员在机场、码头、车站，登机、登船、登车过程中执行检疫任务，着重检查装载货物的机舱、船舱或车厢内外、上下四壁、缝隙边角以及包装物、铺垫材料、生活垃圾及残留物等害虫容易潜伏的地方；在检查货物及其存放的仓库或场所时，先检查货位、标签封记、批次代号、货物件数、货物重量是否和报检情况相符，然后注意检查货物表层、堆角、周围环境及包装外部和袋角有无害虫及害虫的排泄物、分泌物、蜕皮壳、虫卵及虹孔等为害痕迹。

现场抽样是在检查旅客携带物和邮寄物的植物及其产品时，需检查植物及其产品的外表包装及其内部，一般以检查害虫为主，对病害和杂草做针对性检验。取样的批次是指具有同一品名、同一商品标准、用同一运输工具、来自或运往同一地点、并有同一收货人或发货人的同一批货物。取样的件数是指在一批货物中，每一个独立的袋、箱、筐、桶、捆、托等称为件的数目。从整批货物中抽样，一份样品的重量或体积就叫样本量。从一批货物中抽几份样品，就叫做样本数。常用的取样方法包括对角线取样法、棋盘式取样法和随机或分层随机取样法等。小样即初级样品是分层次从不同部位逐级由一批货物的不同件中或散装货物的不同层次部位抽取的样品。混合样品是将所取的数份小样在适当容器内混合。平均样品是将混合样品按机械分样或对角线分样以减少样品量，知道足够检验检测用的数量。试验样品是送检样品到试验室时再次分样，一分为二，一份作为备用的样品保存，一份做测试的叫试验样品。试料是从试样中抽取一定的量直接用于测试的，称为试料。

现场检验常采用包括肉眼观察、过筛检验、抽样检验、X 射线机检验和检疫犬检验等方法。肉眼检查主要用于现场快速初检，通过肉眼或手持扩大镜对植物及其产品、包装器材、运载工具、堆存场所和垫铺物料等是否带有或混有检疫性病害、害虫和杂草进行检验。过筛检查是对筛上和筛下物仔细检查有无害虫、伪茧和杂草籽等，并进行识别分类，必要时装入指形管带回鉴定，同时要将最后一层筛下物携回进一步鉴定。X 光机检查主要用于旅客携带物的现场检查，通过 X 光机查看旅客所携带包裹中的物品。检疫犬检查是在检疫人员带领下，依靠检疫犬灵敏的嗅觉对旅客携带包裹进行检查。

现场检验检疫过程中，需核查货证是否相符，制定植物检验检疫方案；审核报检单证，确认货证是否相符；根据国家植物检验检疫规定及输出国家或地区疫情发生情况，制定检验检疫方案，确定现场检验检疫时间、地点、人员。现场检验检疫需检查运输工具及集装箱底板、内壁及货物外包装有无有害生物，发现有害生物并有扩散可能的应及时对该批货物、运输工具和装卸现场采取必要的防疫措施。同时需要检查货物有无水湿、霉变、腐烂、异味、杂质、虫蛀、活虫、土壤和鼠类等，情况严重的，应对现场进行拍照或录像。现场检疫中需检查植物性包装材料、铺垫材料是否符合我国进境植物检疫要求，同时按规定抽取样品，需进行实验室检验检疫的，应填写送样单并及时将样品连同现场发现的可疑有害生物一并送实验室检验检疫。

四、检疫监管

　　检疫监管是检疫机关对进出境或调运的植物、植物产品的生产、加工、存放等过程实行监督管理的检疫程序。检疫监管在促进经济贸易的发展的同时能够进一步控制有害生物的传播。检疫监管包括以下情况：植物检疫机构对进境植物及其产品的装卸、运输、储存、加工过程实施监督管理，并对种子、苗木、繁殖材料的隔离检疫过程实施监督管理；装卸、运输、储存、加工单位在入境口岸检验检疫机构管辖区内的，由入境口岸检验检疫机构负责监管，并做好监管记录；运往入境口岸检验检疫机构管辖区以外的，由指运地检验检疫机构负责对其装卸、运输、储存、加工过程进行监管，入境口岸检验检疫机构应及时通知指运地检验检疫机构；检验检疫机构可以根据需要，在进境植物及其产品的装卸、运输、储存、加工场所实施外来有害生物监测；从事进境植物及其产品检疫除害处理业务的单位和人员，必须经检验检疫机构考核认可，检验检疫机构对检疫除害处理工作进行监督；检验检疫机构根据工作需要，视情况派检验检疫人员对输出植物及其产品的国家或地区进行产地疫情调查和装运前预检。

　　检疫监管的有效方法包括产地检疫、预检、隔离检疫和疫情监测等。产地检疫是在植物或产品出境或调运前，输出方的植物检疫人员在其生长期间到原产地进行检验、检测的过程。

　　预检是在植物或植物产品入境前，输入方的植物检疫人员在植物生长期间或加工包装时到产地或加工包装场所进行检验、检测的过程。产地监管能够提高检疫结果的准确性；简化现场检验的手续，加快商品流通；同时避免货主的经济损失。隔离检疫是将拟引进的植物种子、苗木和其他繁殖材料，在植物检疫机关指定的场所内，在隔离条件下进行试种，在其生长期间进行检验和处理的检疫过程。疫情监测方法很多，包括诱捕检测、预测圃法等。诱捕检测是一种将特异性诱集剂置于特制的诱捕器中，诱捕检疫性有害生物，监测其发生动态的方法。诱捕器由诱集剂、诱芯和诱捕器三部分组成。预测圃法是进行病害发生始期和防治时期预测是一种简便易行的预测方法。

五、实验室检测

实验室检测是借助实验室仪器设备对样品中的有害生物检查、鉴定的法定程序。实验室检验检疫过程中，对送检的样品和现场发现的可疑有害生物，分别情况并按生物学特性及形态学特性，进行检疫鉴定。对有害生物的具体检疫鉴定方法，详见国家标准、行业标准和有关有害生物鉴定资料。安全卫生检验（繁殖材料除外）是对抽取的样品按卫生标准及国家有关规定进行安全卫生项目检验。粮食、油料、饲料安全卫生检验项目、检测方法、限量标准应符合法律法规和标准规范。品质检验列入《实施检验检疫的进出境商品目录》的进口植物及其产品，需按照国家技术规范的强制性要求进行检验；尚未制定国家技术规范强制性要求的，可以参照海关总署指定的国外有关标准进行检验。未列入目录的进出口商品申请品质检验的，按合同规定的检验方法进行，合同没有规定检验方法的按我国相关检验标准进行检验。实验室检测的样品由实验室保存，一般样品保存六个月（易腐烂的样品除外），需对外索赔的保存到索赔期满方可处理。

　　实验室检测的常用方法包括肉眼检测、过筛检测、比重检测、染色检测、X 光检测、洗涤检测、保湿萌芽检测、分离培养与接种检测、鉴别寄主检测、噬菌体检测、显微镜检测、血清学检测、分子鉴定和计算机辅助鉴定等。比重检测是指有虫害的籽粒及菌瘿、菌核、病秕粒、草籽比健康籽粒轻，进入一定浓度的食盐水或其他溶液中，使线虫等浮于液面，捞取浮物，鉴定种类。染色检测是指某些植物或植物器官，被害虫危害或病原物感染后，或某些病原物本身常可用特殊的化学药品处理，使其染上特有的颜色，帮助检出和区分病虫种类。软 X 光透视检测时需取样品 100 粒，单层平铺在仪器内样品台上，开通电源，调节光强和清晰度，通过观察窗，即可在荧光屏上观察。洗涤检测是指检查附着在种子表面的各种真菌孢子、细菌或颖壳上的病原线虫时，由于肉眼或放大镜不易检查，一般用洗涤检验。保湿萌芽检测是指一般种子携带的病菌，无论是黏附在种子表面的，还是潜伏在种子表层或深层的，在种子萌发阶段即开始活动或侵染，其中很多在萌芽期或幼苗的早期就表现症状，或在种子未萌发时，在种子表面就长出菌丝，因此，在种子发芽后，有的甚至在萌芽前，即可检验带病情况。分离培养检测是指许多病菌能在适当的环境条件下进行人工培养，因此可以利用分离培养法把它分离出来，培养于人工培养基上，进行检验。鉴别寄主检测是指许多不同种类的病毒和一些细菌，接种到某些特定的敏感植物上可以产生特定的症状，由此可以判断是否有某种病原物存在。血清学监测是指各种病原生物、害虫均可采用血清学方法来检测，关键是要制备具有专化性的抗体，利用抗原抗体反应即可检测样本中有无目标生物存在。

染色检测中常用高锰酸钾染色法，例如：取米象、谷象危害的样品 15 克 → 倒入铜丝网 → 30℃水，1 min → 1% 高锰酸钾溶液，45 ～ 60 s → 样品用清水漂洗干净，倒在白色吸水纸 → 扩大镜检查（0.5 mm 左右的樱桃红色斑点）。染色检测中还有品红染色法，例如：取米象、谷象危害的样品 15 g → 倒入铜丝网 → 30℃水，1 min → 酸性品红溶液，2 ～ 5 min → 样品用清水漂洗干净，倒在白色吸水纸上 → 扩大镜检查（0.6 mm 左右的黑色斑）。染色检测中的碘或碘化钾染色法，例如：取豆象危害的样品 50 g → 倒入铜丝网 → 30℃水，1 分钟 → 1% 碘化钾或 2% 碘酒溶液，1 ～ 1.5 min → 0.5% 氢氧化钾或氢氧化钠溶液，30 s → 样品用清水冲洗 15 ～ 20 s，倒在白色吸水纸上 → 扩大镜检查（1 ～ 2 mm 的黑色圆点）。染色检测中的病毒病染色，用于落叶果树的检验，检测原理是多酚体和氢氧化钠反应呈现出深蓝色。病毒病染色方法：选带有病毒的落叶树木叶片或一年生茎或根的玻片 → 0.74% 乙醇甲醛溶液试管 → 在水浴锅中加温，保持 80℃ → 1 摩尔 / 升氢氧化钠溶液的试管 → 80 ～ 100℃水浴锅中加温，显色 → 样品兰色为病毒感染，黄色为无病毒感染。

软 X 光透视检测是使用软 X 光（波长在 0.01 ～ 0.05 nm）透视和摄影检验种子。小粒种子（栗、杉、桧）不适用，必须通过摄影，冲洗出底片才能正确检测。

洗涤检测的操作技术用来检查附着在种子表面的各种真菌孢子、

细菌或颖壳上的病原线虫。平均样品中任取 10 ～ 100 g → 放入三角瓶，样品制备 2 份 → 10 ～ 100 mL 蒸馏水，振荡 5 ～ 10 min → 洗涤液倒入离心管内 → 2000 ～ 4000 r/min 分离心 1 ～ 3 min → 倒出上清液，管底悬浮液中加乳酸酚固定液 → 显微镜检查，检查 5 个玻片。

　　保湿培养检测中的吸水纸法使用广泛，应用于各种类型的种子种传真菌病害的检验，设备简单、应用范围广、操作方便、费用省、快速准确、易于掌握，具有受检病症立体感强、容易鉴定和便于制作标本的优点。保湿培养检测中的冰冻吸水纸法能够利用病原物形成孢子，同时，又避免因种芽伸长后而造成相互覆盖，所以便于检查。保湿培养检测中的水琼脂平皿法可检验棉籽是否携带棉花枯、黄萎病菌，可检验小麦矮腥黑穗病和普通腥黑穗病病菌。沙土萌芽检测法检测过程中要求沙土是通过 1 mm 筛孔的沙粒，清水去泥垢，沸水煮。根据幼苗和未发芽种子所表现的症状及种苗上有无孢子，计算发芽和发病率。试管幼苗症状测定法可以较容易检查根部和绿色部分，避免相互感染，但操作麻烦，一般用于检验珍贵繁殖材料。

　　分离培养与接种检测可用来检验潜伏在种子、苗木或其他植物产品内部不易发现的病原菌；同时可以在种子、苗木或其他植物产品上虽有病斑，但无特殊性的病原菌可供鉴定时采用；也可以用来检测种子表面黏附的病菌。真菌的分离培养常用马铃薯葡萄糖琼脂培养基、组织分离法和稀释分离法（产生孢子的真菌）。细菌分离培养与检测的方法常有牛肉汁培养基法、组织分离法、划线分离法和稀释分离法等。植物线虫分离培养可采用改良贝尔曼漏斗法，适用于分离少量植物材料中的有活动能力的线虫（如水稻干尖线虫、松材线虫等）；

过筛分离法用于大量土壤中分离各类线虫；漂浮法适用于分离土壤中的各种胞囊线虫。接种检测方法主要有拌种接种、浸种接种、花器接种、喷雾接种、针刺接种、剪叶接种和摩擦接种等。

血清学检测是根据抗原能与相对应的抗体产生特异性结合，发生可检出的反应的特性来进行病原诊断和鉴定，包括凝胶双扩散反应、血凝反应、酶联免疫吸附测定法和免疫荧光技术等。免疫荧光技术的反应原理是将抗体 IgG 与荧光素进行结合形成一种带有荧光标记的抗体，当有相关的抗原与抗体发生反应时，可以形成抗原～抗体～荧光素复合物，借助荧光显微镜的光激发，可看到荧光素发出的特殊荧光。免疫荧光技术可以直接观察到菌体形态以及其表面抗原是否与抗体反应，发生特异反应的细菌菌体外可见明显的荧光。各种荧光染料激发和发射的荧光能力有限，经过一定时间后荧光会逐渐消失。需 1 小时内完成观察，或于 4℃ 保存 4 小时。

植物病原线虫的检疫检验实验室常用线虫漏斗分离，其原理是依据线虫的活动性及密度大于水的特性，在适当温度下（最好 20 ～ 25℃ 左右）将破碎待检材料放入水中，线虫游入水中，并沉入管底，取 5 mL 显微观察。漂浮分离法依据的原理是干燥的胞囊比重较轻，可从水中漂浮出来，可分离土壤中马铃薯金线虫和各种胞囊线虫的胞囊。漂浮器装水→土样放在 16 目上筛→水流冲洗土样→胞囊等物流入漂浮筒，并浮在水面→经环茎水槽流入 60 目底筛→经水浮起胞囊转移至滤纸→晾干显微观察。一次 10 min 可处理 25 ～ 50 g 样品。线虫也可以制作永久玻片，主要步骤是：打一蜡环→内加 1 小滴纯甘油或加入 0.0025% 棉兰或酸性品红→加入脱水的线虫及玻璃丝→

加热盖玻片→用硬甘油明胶或其他商业化封固剂封固。硬甘油明胶包括明胶 7 ～ 9 g，苯酚 1 g，纯甘油 49 mL，蒸馏水 42 mL。

固定线虫常用的染色方法是：加 3 ～ 4 滴多色蓝→ 55 ～ 60℃水浴加热→ 3 ～ 5 min →直至均匀染成暗紫色→置载玻片放入甘油内加盖玻片观察→直至颜色分化（约 1 天）。也可用 0.05% 酸性品红或棉兰染色。多色蓝溶液是加 1% 亚甲蓝 100 mL 和 1 g 碳酸钾至 250 mL 烧杯中，标记液面位置。加 95% 酒精 20 mL，加热沸腾至液面降至原标记处。呈深紫色，冷却后滤纸过滤，密闭 3 周后用。多色蓝染色后的线虫肠呈绿色，生殖器官与卵原细胞或精原细胞呈蓝紫色，细胞核浅红，染色体蓝紫色、其他器官如神经环、神经细胞等呈深蓝或深紫色。性器官及阴门周围的特征也能清晰显示。纯甘油内色泽保持 2 ～ 5 个月，以后逐渐褪色。

甘油酒精快速脱水法检测线虫是采用加溶液 I（甘油 1 mL，福尔马林 99 mL）→酒精饱和蒸汽密闭容器内 40℃ 12 小时或以上→吸去上清→加溶液 II（甘油 5 mL，96% 酒精 95 mL）→保持 40℃ 2 ～ 3 h，重复 5 ～ 6 次，移入纯甘油。

乳酚油快速脱水法检测线虫时是在乳酚油加满凹玻片凹穴，加热 65 ～ 70℃→挑取几根已固定 1 天以上线虫至乳酚油内（苯酚 50 mL，乳酸 50 mL，甘油 100 mL，蒸馏水 50 mL）→继续加热 2 ～ 3 min，显微观察看清虫体为止。

乳酸甘油脱水 / 染色法检测线虫采用滴 1 滴乳甘合剂（等体积乳酸、甘油和蒸馏水加 0.05% 酸性品红或棉兰）电热板 60℃加热→加固定好的线虫→直至染色适度。

　　脱水不完全染色方法，可制成半永久玻片。注意要在热的乳酸甘油合剂内染色，否则虫体显著变形。

　　甘油快速脱水/染色法检测线虫是采用乳甘合剂棉兰脱水染色→在1～5每个溶液中55℃处理至少10 min，放入干燥器。如果过程中褪色，用纯甘油加0.0005%棉兰代5溶液补染。

　　线虫属间鉴定依据的主要形态特征有：侧尾腺有无；食道类型包括垫刃型、滑刃型、矛型等6种；头部、腹部、尾部和食道外部形态特征；消化道、生殖系统等内部结构；一些特征器官的长短和位置。

　　直接ELISA所用酶标抗体为病毒特异抗体，因此针对不同病毒的抗体需分别进行标记；间接ELISA的区别所用酶标抗体为通用的市售抗体，如：羊抗兔酶标抗体、羊抗鼠酶标抗体等，因此无需对每一抗体进行标记。三抗体夹心法是间接法，加一抗→加抗原→加二抗→加酶标抗体→加底物显色反应。A蛋白酶联免疫吸附是间接法，包被A蛋白→加抗体→加抗原→加抗体→加酶标A蛋白→加底物显色反应。ELISA的优点是灵敏度提高；具有快速、简便、准确等优点，可在较短时间内检测大量样品。ELISA的缺点是灵敏度和特异性依靠抗体质量；P/N比值接近2时结果不容易判断；灵敏度不及PCR。

　　聚合酶链式反应技术（PCR）是体外模拟DNA复制过程的核酸扩增技术。基于DNA的半保留复制理论基础。生物体内双链DNA在多种酶的作用下变性解链成单链，每条链在DNA聚合酶与启动子的参与下，根据碱基互补配对原则复制成同样的另一条链。PCR依据原理是在体外，DNA在高温时也可以发生变性解链，当温度降低后又可以复性成为双链。PCR通过温度变化控制DNA的变性和复性，并设计引物做启动子，加入 DNA 聚合酶、脱氧核苷酸（dNTP），DNA 聚合酶催化单个 dNTP 从引物的 3′ 端引入，并沿模板 DNA 延伸，合成与模板互补的 DNA 链。通过这一过程的不断重复，是 DNA 不断复制，进行体外 DNA 的扩增。PCR 的步骤：预变性～变性（92～96℃）双链 DNA 模板形成单链 DNA。退火（37～72℃；50～58℃），引物与 DNA 模板结合，形成局部双链。延伸（70～75℃）：在 Taq 酶作用下，以 dNTP 为原料，从引物的 5′ 端向 3′ 端延伸，合成与模板互补的 DNA 链。

实时定量 PCR 定量的原理是指在 qPCR 反应中，引入了一种荧光化学物质，随着 PCR 反应产物不断累计，荧光信号强度也等比例增加。通过荧光强度变化监测产物量的变化，从而得到一条荧光扩增曲线图，并根据该曲线实现对起始模板定量及定性的分析。荧光扩增曲线分成三个阶段：荧光背景信号阶段、荧光信号指数扩增阶段和平台期。在荧光信号指数扩增阶段，PCR 产物量的对数值与起始模板量对数值之间存在线性关系，选择在这个阶段进行定量分析。荧光定量 PCR 实时荧光灵敏度高，快速，可定量分析。荧光杂交探针特异性好。其中分子信标构成环状结构比线状探针荧光更易淬灭，本底更低，信噪比更高。荧光染料与双链结合没有选择性，特异性没杂交探针荧光标记好，但荧光染料价格低廉，实验设计更加简单。

PCR 方法可以进行真菌、细菌、病毒和线虫的鉴定。PCR 技术对真菌的鉴定主要针对真菌核糖体 DNA 的转录间隔区序列设计引物。真核生物 DNA 中存在中度重复序列，分布于不重复的序列间，每个重复序列包括 5.8S、18S 和 28SrDNA 及其间隔区域 ITS。串联重复间还存在基因间隔区（IGS）。三种核糖体及间隔区有不同的进化速度，据此可将真菌鉴定到属、种、亚种、变种甚至株系。PCR 在原核生物类有害生物上的应用广泛，原核生物的核糖体包括 5S、16S 和 23S，序列保留着进化的历程信息。常根据 16S 序列设计引物，进行 PCR 鉴定。PCR 可以检测病毒，主要针对较保守的基因如 CP 基因设计引物进行鉴定。对于类病毒则根据全长序列设计引物。PCR 可以检测线虫，主要根据 rDNA ～ ITS 序列设计引物进行 PCR 鉴定。

　　胶体金试剂条诊断是采用胶体金免疫层析技术研制而成的，该技术是 90 年代初在免疫渗透技术的基础上建立的一种快捷简单的免疫学检测技术。胶体金是氯金酸的水溶胶，氯金酸在还原剂的作用下，聚合成特定大小的金颗粒，并由于静电作用成为一种稳定的胶体状态。质量好的胶体金溶液是红色的，胶体金颗粒为球形，大小均一，无棱角。质量差的溶液是紫色，大小不一，形状各异。胶体金在碱性条件下带负电荷，与蛋白质分子的正电荷基团产生静电吸引，从而牢固结合。以硝酸纤维素膜为载体，利用了微孔膜的毛细血管作用，滴加在膜条异端的液体慢慢向另一端渗移，通过抗原抗体结合，并利用胶体金呈现颜色（红色）反应，检测抗原或抗体。

六、检疫处理与出证

　　检疫处理指采用物理或化学的方法杀灭植物、植物产品及其他检疫物中有害生物的法定程序。检疫处理的原则包括以下内容：检疫处理必须符合检疫法规的有关规定，有充分的法律依据；处理措施应当是必须采取的，应设法处理所造成的损失减低到最小；处理方法应当安全可靠，保证在货物中无残毒，又不污染环境；处理方法还应保证植物和植物繁殖材料的存活能力和繁殖能力，不降低植物产品的品质、风味、营养价值，不污损其外观。检疫处理的基本类型包括除害处理、退回或销毁处理和禁止出口处理。

检疫出证是指检疫机关根据进出境或调运的植物、植物产品及其他检疫物的检疫和除害处理结果，签发相关单证并决定是否准予调运的法定程序。检验检疫合格的检验检疫结果符合要求的，出具入境货物检验检疫证明、卫生证书或检验证书。检验检疫不合格的，发现我国进境植物检疫危险性有害生物（一、二类）、潜在危险性有害生物、政府及政府主管部门间双边植物检疫协定、协议和备忘录中订明的有害生物、其他有检疫意义的有害生物的，出具检验检疫处理通知书，报检人要求或需对外索赔的，出具植物检疫证书。安全卫生检验不合格的，出具卫生证书。品质检验不合格的，出具检验证书。有分港卸货的，先期卸货港检验检疫机构只对本港所卸货物进行检验检疫，并将检验检疫结果以书面形式及时通知下一卸货港所在地检验检疫机构，需统一对外出证的，由卸毕港检验检疫机构汇总后出证。需要隔离的种子、苗木、繁殖材料，按繁殖材料检验检疫工作程序实施隔离检疫。

报检人对检验检疫机构的检验结果有异议，可向原检验检疫机构或其上级检验检疫机构申请复验，具体按《进出口商品复验办法》执行。对检疫不合格且有有效检疫除害处理方法的，在检验检疫机构监督下进行检疫除害处理。对检疫不合格且无有效检疫除害处理方法的，作退运或销毁处理。安全卫生项目或品质检验不合格的，按有关规定进行处理。在进境植物和植物产品中发现有害生物或有毒有害物质的，应及时填写进境植物疫情及有毒有害物质报告表，按有关要求报送海关总署动植物检疫实验所。发现重大疫情，或有毒有害物质情况严重的，除填写进境植物疫情及有毒有害物质报告表外，应立即以书面形式向海关总署报告。

检验检疫完毕，应及时将在整个检验检疫过程中形成的文案资料按以下类别进行整理归档：入境货物报检单及相关检验检疫流程记录；检验检疫机构出具的证单和证稿类的留存联，如入境货物通关单、入境货物检验检疫证明、植物检疫证书等；检验检疫原始记录类资料，如现场检验检疫记录单、监管记录、实验室检验检疫报告等；官方或国外公证机构出具的证明类证单，如进境动植物检疫许可证、引进种子、苗木审批单，引进林木种子苗木和其他繁殖材料检疫审批单，输出国家或地区官方植物检疫证书、产地证书、品质证书等；贸易及运输类单证资料，如合同或信用证、发票、提 / 运单、装箱单、配载图 / 舱单等；货主声明或证明类单证，如无木质包装声明、代理报检委托书；对现场、实验室拍摄的图片、影像等资料及有害生物标本妥善保存。

第五章

危险性病原生物知多少

一、病原真菌

（一）小麦矮腥黑穗病菌

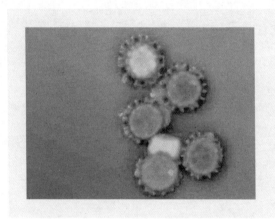

图 5.1　小麦矮腥黑穗病菌孢子

1．分类地位

小麦矮腥黑穗病菌［*Tilletia controversa* Kühn（TCK）］属担子菌门（Basidiomycota），黑粉菌纲（Ustilaginomycetes），黑粉菌目（Ustilaginales），腥黑粉菌科（Tilletiaceae）。

2．分布

分布于南美洲的乌拉圭、阿根廷；大洋洲的澳大利亚、新西兰；非洲的摩洛哥、利比亚、阿尔及利亚、突尼斯；欧洲的奥地利、乌克兰、瑞典、阿尔巴尼亚、斯洛伐克、捷克、德国、罗马尼亚、保加利亚、瑞士、希腊、匈牙利、卢森堡、意大利、波兰、西班牙、俄罗斯、法国、塞尔维亚、比利时、丹麦、摩尔多瓦、克罗地亚、格鲁吉亚、亚美尼亚、阿塞拜疆；北美洲的加拿大安大略省、不列颠哥伦比亚省，美国爱达荷州、华盛顿州、犹他州、俄勒冈州、科罗拉多州、蒙大拿州、怀俄明州、纽约州、印第安纳州、密歇根州；亚洲的伊朗、土耳其、巴基斯坦、哈萨克斯坦、伊拉克、阿富汗、叙利亚、乌兹别克斯坦、塔吉克斯坦、土库曼斯坦、日本、吉尔吉斯斯坦和中国等。

4．寄主范围

小麦矮腥黑穗病菌主要危害小麦属，同时能在大麦属、黑麦草属、三毛草属、山羊草属、翦股颖属、冰草属燕麦草属、看麦娘属、雀麦属、芮草属鸭茅属、羊毛属、野麦草属、绒毛草属、早熟禾属、塔草属等禾本科植物。

5．为害情况

小麦矮腥黑穗病菌是麦类黑穗病中危害最大又极难防治的病害，对世界小麦的生产造成严重危害，该病在一般流行年份小麦减产 20%～50%，严重时可高达 75%，甚至绝产。经研究分析，新疆、青藏高原及部分黄土高原是该病发生的极高危险区；黄河中下游麦区、长江中下游淮河流域平原及丘陵麦区为高危险区；长江中下游、中南及西南高海拔麦区为局部发生区；台湾及两广高海拔麦区为偶发区；海南省是低危险区。

6．症状

被小麦矮腥黑穗病菌侵染的麦穗，病穗比一般健穗要宽，籽粒全部或部分被菌瘿所取代，麦芒短带有弯曲并向外张，有的病穗还有些扭曲，整个穗子呈炸开状，显得大而饱满，并带有鱼腥臭味。

7. 病原菌形态特征

冬孢子近球形，黄褐色至暗褐色，直径在 19.73 ～ 20.90 μm±0.72 ～ 22.24 μm 之间，表面有多角形网纹，网目直径为 3 ～ 6 μm，网脊高一般为 0.82 ～ 1.77 μm，胶质鞘厚度为 2.0 ～ 3.5 μm。不孕细胞球形、薄壁、无色、光滑。

8. 病原菌生物学特征

小麦矮腥黑穗病菌冬孢子萌发需要长期低温和一定时间的光照，冬孢子在 5℃ 条件下，连续光照 15 ～ 20 d 才萌发，17℃ 不萌发。光照适宜波长为 400 ～ 600 nm，土壤含水量为 35% ～ 88% 时均可萌发。病原冬孢子有极强的抗逆性，在室温条件下，其寿命至少为 4 年，有的长达 7 年，病瘿中的冬孢子，在土壤中的寿命为 3 ～ 7 年，分散的冬孢子则至少一年以上，病菌随同饲料喂食家畜后，仍有相当的存活力。病原冬孢子耐热力极强，在干热条件下，需经 130℃ 半小时才能灭活，而湿热则需 80℃、20 min 可致死。

9. 越冬和传播

越冬，病菌以厚垣孢子附在种子外表或混入粪肥、土壤中越冬。传播，由种子、土壤、粪肥传播。混杂于小麦籽粒间的黑粉菌粒及其碎块与种子上的冬孢子是病菌远距离传播的重要途径。伴随小麦传播的病原冬孢子，一旦落入田地，即重新具备了其固有的土传特性。

10. 病害发生和流行

小麦腥黑穗病是一种幼苗期系统侵染型病害，种子播种以后，影响其发病的主要因子是地温和墒情。病菌侵入小麦幼苗的最适温

度为 9 ～ 12℃，最低为 5℃，最高为 20℃。冬小麦的发育适温为
12 ～ 16℃。温度低不利于种子萌发和幼苗生长，使幼苗出土的时间
延长，增加了病菌侵染机会，腥黑穗病发病就重。如果气候较干旱，
土壤墒情不好，过于干燥，对其孢子萌发不利，如果雨水过多，土壤
太湿，供氧不足，也不利于该病菌孢子的萌发。在播种过深、覆土过
厚时，麦苗出土受到影响，病菌在土壤中与幼芽接触时间长，相对延
长了侵染机会，使麦苗感病机会增多，发生严重。

11．检验方法

（1）利用常规形态学查看孢子形态进行诊断。

（2）利用孢子的生物学特征，如冬孢子的萌发生理、自发荧光
等生物学特性检测。

（3）通过分子生物学检测。

（4）电子鼻检测。

12．检疫和防治

防治该病最有效的措施是用药剂拌种，实行检疫和种子处理为
主，辅之以农业措施防治的策略。加强检疫，及时消除病种，强化检
测工作，杜绝病种传入；加强农业防治，在小麦腥黑穗病重发区，可
实行水旱轮作，或与非寄主作物实行 1 ～ 2 年轮作，以打断侵染循环
史，不利于该病发生；化学防治，使用合适的药剂进行拌种处理。

（二）小麦印度腥黑穗病菌

1．分类地位

小麦印度腥黑穗病菌［*Tilletia indica* Mitra（TIM）］属担子菌

门（Basidiomycota），黑粉菌纲（Ustilaginomycetes），黑粉菌目（Ustilaginales），腥黑粉菌科（Tilletiaceae）。

2．分布

现在主要分布于印度的北部和中部、墨西哥、巴基斯坦、阿富汗、伊拉克、伊朗、尼泊尔、叙利亚、南非、美国和巴西等地区。

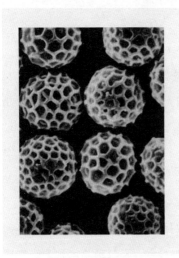

图 5.2　小麦印度腥黑穗病菌

3．寄主范围

小麦印度腥黑穗病的自然寄主主要有小麦、小黑麦。人工接种证明，与小麦近缘的单粒小麦提莫非氏小麦和山羊草属包括具节山羊草、钩刺山羊草等 11 种山羊草是小麦印腥病菌的易感寄主，其他如耐酸、旱雀麦、黑麦草、多花黑麦草等也可感病。

4．为害情况

小麦受到感染将导致减产，损失有时高达 20%。由于三甲基胺的存在，小麦病粒具有强烈的鱼腥味，当小麦受害率达 3% 以上时，即严重降低小麦的品质，影响面粉的食用价值。

5．症状

一般感病麦穗，并不是整穗麦粒都发病，一个病穗中往往只有部分籽粒感病。发病小穗，颖片伸长，病菌侵染胚乳，不侵染胚部（种子发芽率还可达到 89%）。种子受害后通常沿籽粒腹沟的表皮下形成黑粉冬孢子。轻度感染时种子表面形成疱斑。严重的病粒大部或全部变成黑粉冬孢子。

6．病原菌形态特征

冬孢子棕色至棕黑色，球形、近球形或椭圆形，直径 22 ～ 42 μm，平均直径一般在 35.5 μm 左右。在冬孢子中偶尔会发现尾丝、乳突或附有菌丝残体。冬孢子壁有三层。初生壁与胞鞘是连续的，未成熟的冬孢子不育、量大、黄色、半透明、球状、角状或泪珠状，直径在 10 ～ 28 μm 之间，壁薄，有轮纹。

7．越冬和传播

越冬，以冬孢子在土壤中越冬，翌年在小麦的花期萌发产生先菌丝，通常每个冬孢子产生一根或几根先菌丝。传播，冬孢子的传播在小麦收割前只局限于发病的田块，不能远距离的传播。远距离传播是在收割小麦期间，完整的冬孢子堆打散，冬孢子就开始污染健康的种子。土壤、机器和车辆是传播的主要媒介，也有可能借助于风、牲畜或昆虫等媒介而传播，其中带菌种子和原粮是远距离传播的重要途径。

8．病害发生和流行

冬孢子随种子或农家肥落入土壤中休眠一段时间后，当小麦进入扬花期时，如果土壤温度在 17～21℃时，大气相对湿度在54%～89%，气温在 10～26℃之间，冬孢子就可萌发，小孢子萌发产生的菌丝由子房壁进入正在形成的种子来建立初侵染，传到小穗上的小孢子也可直接产生菌丝侵入子房壁。

9．检验方法

（1）症状检查。将平均样品倒入无菌白瓷盘内，仔细检查有无菌瘿或碎块，样品可用长孔筛（1.75 mm × 20 mm）或圆孔套筛（1.5 mm，2.5 mm）过筛，挑取可疑病组织在显微镜下检查鉴定。同时对筛上挑出物及筛下物进行检查，将发现的可疑病组织及其他可疑的感染黑穗病的禾本科作物及杂草种子进行镜检鉴定。

（2）洗涤检查。将称取的 50 g 平均样品倒入无菌三角瓶内，加灭菌水 100 mL，再加表面活性剂（吐温 20 或其他）1～2 滴，加塞后在康氏振荡器上振荡 5 min，立即将悬浮液注入 10～15 mL 的灭菌离心管内，以 1000 r/min 离心 5 min，弃去上清液，重复离心，将所有洗涤悬液离心完毕，在沉淀物中加入席尔氏溶液，视沉淀物多少，定溶至 1 mL 或 2 mL。镜检鉴定。

（3）分子生物学检测。提取病原菌 DNA，进行核糖体 DNA 内转录间隔区测序。

10．检疫和防治

（1）检疫。加强疫情监测，严密注意疫情动态的发展，加强对进口粮食的口岸检疫。

（2）抗病育种。通过传统育种或分子育种手段，选育高抗或免疫品种。

（3）种子处理。进行包衣处理，消除种子和土壤中的病原菌。

（4）农业防治。主要包括以下措施：实行两年以上的轮作可有效地降低土壤内冬孢子存活率，从而减少发病率。调整小麦播种期，使小麦的生育期气候条件不适于孢子萌发，但在连续阴雨季节的地区很难实现。减少氮肥的施用量。防止使用带菌粪肥。调整田间灌溉时间和次数，控制灌溉水的流向，避免病菌冬孢子随同灌溉水扩大污染。

（三）烟草霜霉病菌

图 5.3　烟草霜霉病菌叶片

1. 分类地位

烟草霜霉病菌（*Peronospora hyoscyami* Adam）属鞭毛菌亚门（Mastigomycotina），卵菌纲（Oomycctcs），霜霉目（Peronosporales），霜

霉属（Peronospora）。

2．分布

1891年澳大利亚首先报道，后传入欧洲、非洲、美洲和亚洲，现广泛分布。

3．寄主范围

主要侵染烟草，自然条件下，还可侵染番茄、辣椒、茄子和马铃薯等茄科植物，人工接种可侵染矮牵牛、酸浆和灯笼草等。

4．为害情况

1960年烟草霜霉病在欧洲流行，法国和比利时的烟草损失达到80%～90%，相当于2.5亿美元。1961年欧洲损失干烟叶10万吨，仅法国就损失干烟叶1万吨，合900万美元。90年代以来美国烟区不断遭受霜霉病的侵染，损失相当严重。

5．症状

苗期发病，多从下部叶片开始，叶片上出现黄色圆形病斑，直径可达2.5 cm。有时病斑背面可产生蓝灰色霜霉层（菌丝和孢囊梗）。叶组织坏死时，斑块变为褐色。成株期感病时，叶片上出现黄色条纹，继而形成黄色圆斑，病斑常相互遇合，形成淡棕黄色或浅褐色坏死区，叶片皱宿、扭曲。当病菌生长时，叶背面呈蓝灰色粉层。霜霉病的霉层与白粉病的霉层极其相似，其区别是：霜霉病的霜状霉层一般局限于病叶背面，略带蓝色；而白粉病的粉状霉层则在叶片正反两面发生，为粉白色。

6．病原菌形态和生物学特征

细胞内菌丝产生细胞内吸器，孢囊梗在叶片的下表面通过气孔口伸出，长 450 ～ 750 μm，二叉式分枝，基部分枝成锐角，上部呈直角，顶端弯曲，末端尖，上生孢子囊；孢子囊透明无色，柠檬形，大小（16 ～ 28）×（13 ～ 17）μm，每个孢子含 8 ～ 22 核；卵孢子黄褐色到红褐色，球形。

在适宜湿度条件下，孢子囊生成的最低温度为 1 ～ 2℃，最适宜温度为 15 ～ 23℃，最高温度为 30℃，而在最适温度条件下，孢子形成所需的最适湿度范围是叶面相对湿度 97% ～ 100%。孢子囊萌发的温度范围为最低 1 ～ 2℃，最适为 15 ～ 22℃，30℃有少量萌发，35℃萌发率为 0.1%。卵孢子有极强的抗逆性，经贮存 4 年后仍能存活；在 80℃下烘烤 4 天，然后在 35℃、RH50% ～ 60%条件下发酵，孢子仍有侵染能力。致病性分化，本病菌的美国生理型和澳洲生理型致病性不同。澳洲生理型存在有 3 个生理小种。

7. 越冬和传播

菌丝体在田间或温室的病株、自生烟苗、野生烟草上越冬。卵孢子能在病株残体和土壤中越冬。气流传播是烟叶霜霉病得以造成重大危害的主要途径，而孢囊孢子是进行气流传播的主要病原体，根据气流及温度、湿度条件，孢子在两小时之内，可传播 200 km，最高可达 1600 km。卵孢子传播在加拿大甚至中欧和北欧普遍存在，卵孢子是翌年侵染的主要来源。由于卵孢子所具有的特殊抗逆性，存在于烟株下部叶片的卵孢子，可能是病害远地传播的另一途径。

8. 病害发生和流行

病菌以卵孢子随病残体在土壤中越冬并成为翌年初侵染源。发病烟苗产生孢子囊，借气流传播，进行再侵染。也可经农事操作、农具、烟叶、烟种等携带病菌传播。未腐熟带有病残体的粪肥也可传播。烟草霜霉病在 16 ～ 23℃，夜间相对湿度 95% 以上，持续 3 小时就能形成孢子囊。霜霉菌在低温高湿条件下发病重。多雨、夜间结露利于霜霉病发生和流行。烟株密度大，低洼、排水不良烟田发病重。

9．检验方法

（1）症状检查。抽取的烟叶样品，应在杜绝污染的条件下适当回潮，使叶面舒张，然后在 4×40 W ～ 5×40 W 白色荧光灯照射下检查病斑，病斑淡黄褐色，常受叶脉所限，呈不规则圆形，易于透光，叶背面可见霜霉霉层，可以直接用立体显微镜（50×）观察孢梗及孢囊群体，也可在光学显微镜下鉴定病原。

（2）洗涤检验孢子囊。

（3）组织透明法检验卵孢子。

（4）烟丝检查。选带有暗绿色或灰褐色病斑的烟丝碎片，在双筒解剖镜下检查，选取有霜霉层病斑的碎片，置于载玻片上，滴上 2 ～ 3 滴苯胺兰乳酚油，用解剖针挑开铺平，加盖玻片，在酒精灯上离火焰几 cm 高缓缓加热煮沸，注意不要过火，以免液体喷出玻片外，并从盖玻片外补充苯胺兰乳酚油，保持不干。煮沸 5 ～ 10 min，待玻片冷却后，用吸水纸吸去多余液体即可镜检。叶片组织染成淡蓝色，卵孢子呈淡黄色至黄褐色，孢子囊和梗染成蓝色。

10．检疫和防治

（1）加强植物检疫，对进口的烟草种子和烟叶商品要严格检疫。

（2）烟草收获后要深翻土地，深埋病残体。严禁在病株上采种。床土要消毒或选未种过烟草的地块做苗床。施用充分腐熟的有机肥。

合理密植，避免田间积水，提高烟株的抗病力。

（3）药剂防治用 25% 甲霜灵可湿性粉剂 800 ～ 1000 倍液或 58% 甲霜灵·锰锌可湿性粉剂 1000 倍液、64% 杀毒矾可湿性粉剂 600 ～ 800 倍液、72% 克露（克霜氰、霜脲锰锌）可湿性粉剂 900 倍液、69% 安克锰锌可湿性粉剂 1000 倍液，（每 667 m^2 用配好的药液 50 ～ 70 L），喷药时注意叶片正面和背面均要喷到。

（四）马铃薯癌肿病菌

图 5.4　马铃薯癌肿病菌块茎

1. 分类地位

马铃薯矮肿病［*Synchytrium endobioticum*（Schilb.）Percival］属

鞭毛菌亚门（Mastigomycotina），壶菌纲（Chytridiomycetes），壶菌目（Chytridiales）。

2．分布

分布于世界各地很多国家。

3．寄主范围

包括马铃薯、番茄、甘苦茄、龙葵、欧白英、京豚豆属、假酸浆属和酸浆属的一些种。

4．为害情况

病株产量下降，薯块品质变劣，失去种用、食用和饲料价值。病薯极易腐烂，质地硬，不易煮熟。四川省凉山县（1980）11.6%的发病田减产70%～80%以上；木里县绝收面积，占该县发病面积的19.7%。

5．症状

主要为害块茎，地上部分症状多不明显。

6．病原菌形态和生物学特征

休眠孢子囊近球形，褐色，厚壁，萌发产生游动孢子；原孢堆游动孢子侵入芽组织细胞内，使寄主细胞受刺激而膨大，菌体先发育形成的；经细胞多次分裂，转而形成含有3～9隔夏孢子囊的夏孢子堆；夏孢子囊壁薄淡色，多角形或卵形；游动孢子卵圆形，鞭毛单生；合子（游动孢子形成配子，并结合形成合子）两根鞭毛，游动；侵入寄主细胞形成休眠孢子囊。

休眠孢子囊可度过不良环境条件，在适宜的时期萌发产生游动孢子。100℃湿热，2.5 min；100℃干热1 h死亡。休眠孢子存活力很强，在土壤内能存活 16 ～ 20 年以上（30 年）。经过家畜的消化道后还仍然具有生活力。

7．越冬和传播

休眠孢子囊在病薯和病土或混入粪肥中越冬。通过引种和调运远距离传播（带菌种薯和薯块上残余病土）；田间近距离传播（靠雨水、水流、农事操作和工具传带的病土）。

8．病害发生和流行

（1）气象因素。土壤水分饱和，温度 12 ～ 24℃，pH 4.5 ～ 7，最有利于发病。

（2）海拔高度。海拔 1680 ～ 3600 m 病害发生，海拔 2500 m 以上发病面积大。

（3）坡向和地势。阴坡病重，阳坡病轻。

（4）轮作。连作地病重，轮作年限长的病轻。

（5）自生马铃薯数量。自生马铃薯是土壤中重要的初侵染来源。

9．检验方法

（1）土壤检验。漂浮法提取休眠孢子囊。

（2）直接检查有无肿瘤物。

（3）病原菌形态观察。可观察到夏孢子囊堆和休眠孢子囊。

（4）染色检验。可染色观察单鞭毛的游动孢子和双鞭毛的合子。

10．检疫和防治

（1）禁止马铃薯块茎和其他繁殖材料入境，禁止疫区马铃薯外运。

（2）建立无病种薯生产基地，为大田生产提供无病种薯。

（3）种植抗病品种，如米拉、金红等。

（4）与非茄科作物实行 4 年以上的轮作。

二、病原细菌

（一）玉米细菌性枯萎病菌

1. 分类地位

玉米细菌性枯萎病菌［*Pantoea stewartii*（E.F.Swith）］属薄壁菌门
（Gracilicutes），肠杆菌科（Enterobacteriaceae），泛菌属（Pantoea）。

2. 分布

广泛分布在美洲的美国、加拿大、墨西哥、哥斯达黎加、波多黎
各、圭亚那、秘鲁、巴西等国家或地区；欧洲的俄罗斯、波兰、瑞士、
意大利、罗马尼亚、希腊；亚洲的越南、泰国、马来西亚。

3. 寄主植物

自然寄主包括玉米、马齿玉米、粉质玉米、硬粒玉米和爆裂玉
米、假蜀黍、鸭茅状摩擦禾等。接种寄主包括薏苡、宿根类蜀黍、金
色狗尾草、高粱、苏丹草、小米、黍、燕麦等。

4. 为害情况

为害情况属一种典型的维管束病害。其甜玉米的一种严重病害，
对其产量影响很大，在病害流行年份，甜玉米损失尤其严重。植株的
根、茎、叶、雄花和果穗等器官都可以被害，病株表现出矮缩和枯
萎。甜玉米受该病危害，减产损失程度一般为 20％～40％，严重时

可达 60%～90%。

5．典型症状

病菌感染植株典型的症状是矮缩和枯萎。早期感病表现为矮化，萎蔫，雄穗褪色早枯，枯萎死亡；叶片从淡绿色到出现黄色条斑，最后干枯呈现褐色而枯萎；植株生长期维管束红褐色，植株高度受影响，横切面维管束切口处有黄色菌脓；雌穗大多不孕；雄穗过早抽出并变成白色，在植株停止生长以前枯萎死亡。

6．病原菌

病原菌为短杆菌，两端钝圆，无鞭毛，有荚膜；革兰氏染色阴性，单生或双生；在营养琼脂培养基上菌落小圆形，生长慢，黄色，表面平滑；最适温度为 30℃，处于 53℃下 10 min 致死。传播途径为带病种子远距离传播和媒介昆虫（玉米叶甲等）田间传播。媒介昆虫是重要的越冬场所，土壤和病株残体中不能越冬。病原菌发生条件在冬季（12 月、1 月、2 月）气温 37℃以上。土肥、温度、水分适宜会加重病害发生。病原菌适生范围为美洲、欧洲、亚洲。

7．防治措施和检验方法

加强检验检测，防止传入。

（1）产地检验。观察甜玉米叶片病斑。

（2）病原物分离检验。可采用伊凡诺夫培养基培养观察菌落黏性大小。也可采用黑色素培养基 30℃培养 7 d 观察菌落中心黑色，边缘透明。

（3）血清学检验。可采用琼脂双扩散和荧光抗体法进行检测鉴定。

（二）菜豆细菌性萎蔫病菌

1．分类地位

菜豆细菌性萎蔫病菌［*Curtobacterium flaccumfaciens* pv. *Flaccumfaciens*（Hedges 1922）］属厚壁菌门（Firmicutes），厚壁细菌纲（Firmibacteria），短小杆菌属（Curtobacterium）。

2．分布

自然条件下为害菜豆、多花菜豆、利马豆、金甲豆、赤豆、豇豆、绿豆、扁豆、大豆、丁癸草，接种能侵染大豆、豌豆、玉米和赤豆。1920 年，美国第一次报道菜豆萎蔫病发生。该病害成为美国豆类生产上最重要的病害之一，有些年份几乎能引起毁灭性的损失。潮湿条件下，病害发展快，雨季生长的菜豆，发病率高达 90% 以上。

3．症状

菜豆萎蔫病菌是一个典型的维管束病害。寄生幼茎叶片，引起水渍状退色斑，变为褐色或暗绿色坏死斑，导致幼苗枝条枯萎，造成枯死茎部，维管束呈褐色坏死。

4．病原菌

病原菌菌体短杆状，单生或成对；无芽孢，有 1～3 根极生鞭毛，革兰氏反应阳性；菌落黄色，光滑、湿润、圆形、扁平或稍隆起；生长适温 24～27℃。病菌多自根部伤口侵入，沙壤土中发病率高。土中根结线虫和短体线虫多的田块，发病率高，病害也严重。可远距离传播，主要是通过国际贸易中带病的菜豆和大豆、绿豆种子（病菌在种子中存活 24 年）。可近距离传播，通过灌溉水在田间传播

（病田土壤中存活 1 ～ 2 年）。

5．检测与检验

产地检验在菜花开花期进行田间检查，根据症状诊断鉴定。症状诊断观察菜豆种子受害后出现斑点，在种脐有黄色菌脓或菌膜，革兰氏染色反应为阳性。细菌学检验采用种子上分离到的细菌进行常规检验。致病性试验需纯化病菌，伤口接种到菜豆幼苗的嫩茎或幼叶，产生水渍状病斑和萎蔫症状。采用血清学检验，包括免疫荧光技术、酶联免疫、双扩散技术等。

6．检疫与防治

病菌在种子内和土壤中存活时间很长，还没有有效的防治方法。病种用次氯酸钠进行表面消毒或用热的醋酸铜加抗菌素浸种处理。表面病菌有效但内部不能根治。菜豆细菌性萎蔫病菌为《中华人民共和国进境植物检疫危险性病、虫、杂草名录》规定的一类危险性有害生物，并且是中蒙植检双边协定规定的检疫性病害。

（三）马铃薯环腐病菌

1．分类地位

马铃薯环腐病菌［*Clavibacter michiganense*（Smith）］属厚壁菌门（Firmicutes），厚壁细菌纲（Firmibacteria），棒形杆菌属（Clavibacter），密执安棒形杆菌环腐亚种（*Clavibacter michiganens* subsp. *sepedonicum*）。

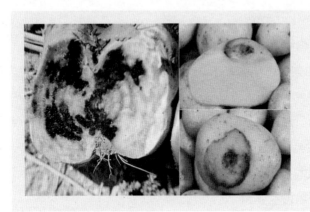

图 5.5　马铃薯环腐病菌果实

2．分布

最初在德国发现，目前在欧洲、美洲及亚洲的部分国家均有发生，广泛分布于北美洲。欧洲发生的国家有：丹麦、芬兰、德国、挪威、波兰、瑞典和俄罗斯。亚洲有日本和韩国。在我国的黑龙江省始先发现，后由于种薯调运，相继传至吉林、辽宁、内蒙、甘肃、青海、宁夏、河北、北京、山西、陕西、山东、浙江、上海、广西等地。

3．寄主植物

寄主植物有马铃薯、茄和其他茄属植物，人工接种也能浸染番茄。马铃薯受环腐病菌危害后，常造成死苗、死株，严重影响产量，一般减产 10% ～ 20%，重者达 30%，个别可减产 60% 以上。

4．症状

苗期发病表现为病株矮小，节间缩短，分枝少，叶片变小，叶上有褐色斑块，皱缩，叶缘焦枯上卷，导致死苗。开花后发病有两种症状类型，一种是枯斑型，病株基部复叶片的顶上先发病，叶尖干枯或向内纵卷，叶肉有明显斑驳出现，最后致全株枯死；另一种是萎蔫型，初期顶端复叶开始萎蔫，叶缘稍内卷，似缺水状，全株叶片开始褪绿，内卷下垂。病株的根、茎部维管束常变褐，病蔓有时溢出白色菌脓。

5．形态特征

革兰氏阳性，杆状，无鞭毛。菌体大小为（0.4～0.6）μm ×（0.8～1.2）μm，生长缓慢，有时呈球形，而在刚分离的菌株中以棒状的菌体占优势。不抗酸，在营养琼脂培养基上菌落白色、薄、透明。有光泽。不能液化明胶，不还原硝酸盐，能利用阿拉伯糖、木糖、葡萄糖、半乳糖、果糖、蔗糖、乳糖、麦芽糖、纤维二糖、水杨苷产酸，但不从鼠李糖产酸。生长最适温度为 18～21℃，最高30℃。

6．传播途径

传播途径为切刀、病健薯接触传染。越冬情况表明，病薯是翌年初侵染源，病薯播下后，一部分芽眼腐烂不发芽，一部分出土的病芽，病菌沿维管束上升至茎中部，或沿茎进入新结薯块而致病。收获期是此病的重要扩大传染期，病块茎和健块茎可接触传染。

7．检疫和防治

（1）严格执行检疫制度。

（2）建立无病留种基地。

（3）选用健薯，汰除病薯。播种前把种薯先放在室内堆放 5～6 d，进行晾种，不断剔除烂薯，使田间环腐病大为减少。此外用 50 μg/kg 硫酸铜浸泡种薯 10 min 有较好效果。提倡小种薯作种，避免切刀传染，如用切块播种，应进行切刀消毒。

（4）培育和选用抗病品种。

（5）栽培管理。

三、病原病毒

植物病原病毒的分类阶元包括目、科、属、种，分类依据包括构成病毒基因组的核酸类型；核酸为单链或双链；病毒粒子是否有脂蛋白包膜；病毒形态；核酸分段状况，也就是多分体现象等。植物病毒 15 个科，72 个属，909 种，其中 664 种归类到 15 科的不同属，245 种由于分类信息有限，只归类到 24 个属，暂无科的分类单元。通过对特定病原物有特殊反应或表现特定症状的植物来鉴别寄主。通过枯斑寄主、初生症状、次生症状、PMTV、ToRSV 等来鉴别寄主谱。以番茄环斑病毒为例说明。

1. 分类地位

番茄环斑病毒（*tomato ringspot virus*，Tom RSV）属豇豆花叶病毒科（Comoviridae），线虫传多面体病毒属（Nepovirus）。

2. 分布

分布在美洲的美国、加拿大、墨西哥、巴西、智利、牙买加；

欧洲的德国、英国、瑞典、塞尔维亚、俄罗斯、荷兰、丹麦、法国、匈牙利、意大利、芬兰、挪威、波兰、奥地利、捷克、瑞士、比利时、爱尔兰；大洋洲的澳大利亚、新西兰；亚洲的土耳其、日本和中国台湾。

3. 寄主范围

寄主范围很广，能侵染35个科105个属157种以上的单、双子叶植物。自然感染的寄主有番茄、桃、杏、李、樱桃、葡萄、草莓、唐菖蒲、大豆、菜豆、烟草、胡萝卜等果树、经济作物和观赏植物等。

4. 危害情况

北美最严重的植物病毒之一，导致严重的产量损失。

5. 症状

（1）桃树茎痘病表现在树干上出现茎沟和茎痘。因顶端生长不足导致叶片褪绿或褪色，茎出现凹陷和沟槽，同时有耳突症状，主茎下部的木质部裂解。

（2）桃树黄芽花叶病表现在病树叶芽形成黄白色叶簇，导致枝条光杆；新感染的植株叶片表现为不规则退绿斑和坏死斑，导致叶片脱落；第二年感病枝条形成浅黄色黄芽，影响正常生长导致产量降低。

（3）苹果结合部坏死和衰退病表现在苹果树被侵染，枝条稀少，叶变小、退绿，顶端生长减少，树干增粗；病株开花增多，果实变小，果皮颜色加深，树皮颜色淡红，皮孔突起；主干被侵染；在愈合坏死斑上部表现肿胀，愈合斑部分或全部裂开，树皮内侧变厚，呈多孔。

（4）葡萄黄脉病表现在葡萄被侵染，叶脉黄化，叶片斑驳、褪绿环斑、卷叶，叶变小，节间缩短，顶端丛生矮化，坐果率低，果小，严重的绝产。

5．传播

传播时可短距离传播，包括汁液接种（草本寄主）、嫁接和介体线虫（木本植物）传播。也可远距离传播，随寄主植物的种子和苗木调运进行传播。说明所有植物病毒都可随种苗、种薯或其他无性繁殖材料传播，尤其在以球茎、块根和接穗进行繁殖的作物中特别严重，有些还能以种子传给下一代。

6．检验与检测

生物学检测包括摩擦接种，培养 2 ~ 3 周。

昆诺藜或苋色藜可检验局部褪绿斑和坏死斑，系统的顶端坏死；黄瓜可检验局部褪绿斑，系统褪绿和斑驳；菜豆可检验局部褪绿斑或坏死斑，系统皱缩和顶叶坏死；番茄可检验局部坏死斑，幼叶系统斑驳和坏死；矮牵牛可检验局部坏死斑，嫩叶表现系统的坏死和枯萎；烟草可检验局部的坏死和环斑，幼叶系统坏死，褪绿环斑和线状条纹。

电镜观察病毒粒体形态（等轴多面体），测量粒体大小（直径为 28 nm）。

血清学和 PCR 检测。包括免疫电镜、琼脂双扩散、酶联免疫吸附技术，引用特异性引物进行 PCR 法检测。

四、病原线虫

全世界有 50 余万种线虫（Hyman，1950），植物寄生线虫 207 属 4832 种（Esser，1990），分类地位为线形动物门（Nemaomorpha）、线虫纲（Nematodia）、线虫门包括侧尾腺口纲（Secernentea）和无侧尾腺口纲（Aphasmidia）。分类鉴定可观察雌虫的外部形态及内部结构特征（消化道和生殖系统的形态结构）。重要的检疫性线虫包括鳞球茎茎线虫［*Ditylenchus dipsaci*（Kuhn）Filipjev］（二类），香蕉穿孔线虫［*Radopholus similis*（Cobb）Thorne］（一类），马铃薯胞囊线虫［*Globodera pallida Behrens*］（一类），松材线虫［*Bursaphelenchus xylophilus*（S. & B.）Nickle］（二类），水稻茎线虫［*Ditylenchus angustus*（Butler）Filipjev］，椰子红环线虫［*Rhadinaphelenchus cocophilus*（C.）J.B. Goodey］，根结线虫（*Meloidogyne* sp.）。

（一）马铃薯胞囊线虫

1. 分类地位

马铃薯金线虫［*Globodera rostochiensis*（Wollenweber）Behrens］、马铃薯白线虫［*Globodera pallida*（Stone）Behrens］都属于侧尾腺口纲（Secernentea）、垫刃目（Tylenchida），异皮科（Heteroderidae），球皮属（Globodera）。

2. 分布

马铃薯金线虫分布在欧洲各国；非洲的阿尔及利亚、埃及等国；

亚洲的塞浦路斯、印度、以色列、日本、黎巴嫩、巴基斯坦、菲律宾、斯里兰卡等国；大洋洲的澳大利亚、新西兰；美洲的美国、墨西哥、哥斯达黎加、巴拿马、阿根廷、玻利维亚、巴西等国。马铃薯白线虫分布在不列颠诸岛、南北美洲、欧洲、冰岛、地中海地区、俄罗斯的西部、南非。

3. 寄主植物

马铃薯金线虫的寄主植物包括马铃薯、番茄、茄子和其他多种茄科植物。马铃薯白线虫的寄主植物包括马铃薯、龙葵和其他多种茄科植物。

4. 为害情况

在温带地区对马铃薯为害非常严重。当土壤中存在着大丽轮技菌（*Verticunum dahliae*）时，能与线虫相互作用，共同造成更严重的危害，导致马铃薯的早死病（early dying disease）。

5. 症状

发病植株在田间呈块状分布。病株表现为生长矮小，茎细长，开花少或不开花；叶片表现为黄化、枯萎，严重时植株早死；根系表现为发育不良，根表皮受损破裂，结薯少而小。开花期拔起根部，可见到许多白色或黄色的未成熟雌虫露于根表面。雌虫成熟后变为褐色胞囊，作物收获后这些胞囊遗留在土壤中。

6. 病原体生物学特性

马铃薯金线虫属定居型内寄生线虫，以躁革质的胞囊在土壤内越冬、滞育及度过不良环境，抗逆性强，如果土壤类型和温度合适，胞囊内的卵可以在土壤中存活长达28年之久。适合在气候凉爽的地区发生。马铃薯金线虫发育的起始温度为 10℃，发育适温为 25℃，但在 25℃ 以上发生量急剧衰减。马铃薯白线虫发育适温低，为 10 ～ 18℃，比马铃薯金线虫更不耐高温。

7．传播途径

可远距离传播，胞囊随着黏附在调运的薯块、苗木、砧木和花卉鳞球茎上的土壤进行传播。也可近距离传播，胞囊可通过农事操作过程中人、牲畜、农具、灌溉水以及风雨扩散传播；幼虫以土壤内移动进行扩散传播。

8．检验与检测

观察土壤或植株根上的胞囊或雌虫或 2 龄幼虫。产地检疫可采用 30、60、100 目筛进行重筛过滤检验，观察胞囊；或浮法检验，利用漂浮器；或挖根检验法，观察病根上球形雌虫和胞囊。口岸检测采用隔离种植检查，获取根样，用立体显微镜下解剖观察或用特异性的 DNA 探针来鉴定。

9．检疫处理的措施

禁止从疫区调运种薯。

（二）松材（萎蔫）线虫

1．分类地位

松材（萎蔫）线虫 [*Bursaphelenchus xylophilus*（Steiner & Buhrer）Nickle] 属侧尾腺口纲（Secernentea），垫刃目（Tylenchida），滑刃科（Aphelenchoididae），伞滑刃属（Bursaphelenchus）。

2．分布

分布在日本、美国、加拿大、墨西哥、韩国、朝鲜、葡萄牙、中国台湾、香港、澳门、江苏、浙江、安徽、广东等国家和地区。

3．寄主植物

已知为害树种达 43 种，主要为松属树种。如日本赤松、日本黑松、琉球松、欧洲黑松、欧洲赤松、马尾松、纽叶松、长叶松等。此外，还为害冷杉属、云杉属、雪松属、落叶松属等的一些树木。

4．为害情况

线虫侵害木质部，引起松材线虫病，导致全树枯萎死亡。日本 20 世纪 70 年代，平均损失木材 100 多万 m^3/年；中国 1982 年～1999 年，病死木总量达 1600 余万株。给林业生产带来巨大损失，还给自然景观和生态环境造成严重破坏。

5．症状

病树针叶红褐色，全株迅速死亡。病叶长时间不脱落。夏季适合于发病，从患病到死亡需 30 天左右。在外部显症前，木质部髓线薄壁组织被破坏，树脂分泌减少或停止，水分输导受阻。

6．传播途径

可近距离传播，在自然条件下，墨天牛是松材线虫的传播媒介。松墨天牛、云杉墨天牛、卡罗来纳墨天牛、白点墨天牛、南美墨天牛等。也可远距离传播，带有此线虫的原木及加工品、包装材料、铺垫物等的引进或调运传播。

7．生物学特性（病害的发生发展规律）

移居性内寄生，主要在树体分生组织内向薄壁细胞取食。生育速度很快，繁殖力强。最适宜的发育温度为 25℃。完成一个世代，15℃，12 d；20℃，6 d；25℃，6 d；30℃，3 d。高温、干旱最适宜发病、发展，病株率增高。传病墨天牛的繁殖量越多，病情蔓延范围越广，为害程度也越重。发生条件及发生范围表明温度和土壤中水分含量与发病率有密切关系。高温（20～30℃）和干旱有利于该病的发病。山东、江苏、云南、辽宁东南部适合该病的发生与流行。

8．检验与检测

可进行产地检验，观察症状、查找天牛为害的虫孔、45 天内全株枯死树等。也可在实验室进行病原线虫检验，注意与拟松材线虫区别。

第六章

检疫防治危险性害虫

一、鞘翅目害虫

鞘翅目（Coleoptera）是动物界种类最多、分布最广的一个类群。主要特征是前翅角质化，呈坚硬状态。包含 4 亚目：原鞘亚目、菌食亚目、肉食亚目、多食亚目，178 科，33 万种。主要危害植物的根、茎、叶、花、果实和种子。轻者导致植株生长受抑，严重的直接导致植株死亡。因此，鞘翅目世界上最重要的检疫害虫，也是种类最多的一个类群。

（一）白带长角天牛

1. 分类学地位

白带长角天牛［*Acanthocinus carinulatus*（Gebler）］，属鞘翅目（Coleoptera），天牛科（Cerambycidae），沟胫天牛亚科（Lamiinae），长角天牛属（Acanthocinus）。

2. 形态特征

成虫：前额浅黑色或棕红色，复眼黑色，长椭圆形。触角颜色在深棕色与白色之间改变。腹部黑色，具白色体毛，并有黑色圆形斑点。后足第一跗节的长度约与其余跗节长度之和相等；第三跗节爪垫黄色，其他为深棕色。雌雄各有差异：雌成虫体长与触角之比约为 1∶1.5，腹部末端具白色长型产卵器；雄成虫体长与触角之比约为 1∶2.5。

卵：狭长，椭圆形，乳白色，透明，长 1.5～1.7 mm，宽 0.5～0.7 mm。

幼虫：体扁平，浅黄色。上唇及前胸背板前部具许多黄色刚毛。胸部及腹部具短而细的黄色刚毛。气门卵圆形，气门片棕黄色，肛门三裂。

蛹：长 10 ～ 16 mm，体乳白色或浅黄色，触角自胸部至腹部呈椭圆形向后弯曲。

图 6.1　白带长角天牛雌虫的背面（左）和腹面（右）

图 6.2　白带长角天牛雄虫的背面（左）和腹面（右）

3．生物学特性

白带长角天牛在内蒙古阿尔山每年发生 1 代，仅危害落叶松的韧皮部。以幼虫在坑道内越冬。5 月中旬后幼虫开始化蛹，蛹期约为 45 d。6 月上旬始见成虫，大约 13 d 后开始交配。7 月上旬开始产卵，6 月下旬至 7 月下旬为成虫盛发期。

4．分布与为害

白带长角天牛在国外分布于日本、欧洲、朝鲜、库页岛等。国内分布于内蒙古北部、黑龙江、吉林、辽宁等省。该天牛主要危害落叶松、油松、红松、云杉等。

5．传播途径

主要通过感虫木质材料的调运传播。

6．检疫方法

加强苗木调运中的检疫工作，注意仔细检查有无天牛的卵槽、入侵孔、羽化孔、虫道和活虫体。

7．检疫处理及防治

（1）加强苗木检疫。白带长角天牛产卵刻槽明显，可用小锤子击杀或用拇指使劲按刻槽，捏破虫卵，或撬开刻槽，掏出虫卵和刚孵化的小幼虫。白带长角天牛在树龄大的死落叶松上发生数量较多，所以在这些树上进行人工捕捉白带长角天牛成虫。

（2）生物防治。保护和利用天敌。啄木鸟和天牛是协同进化的两类生物，人工招引和利用啄木鸟进行自然控制是最适选择。管氏肿腿蜂的成蜂，具有良好的持续防治效果，放蜂量与林间天牛幼虫数比

图 6.3　白带长角天牛的危害症状

例应为 3 : 1。

（3）化学防治。用化学药剂喷涂枝干，对在韧皮部危害尚未进入木质部的幼龄幼虫防效显著。常用药剂有 40％乐果乳油、20％益果乳油、20％蔬果磷乳油、50％辛硫磷乳油、40％氧化乐果乳油、50％杀螟松乳油、25％杀虫味盐酸盐水剂、90％敌百虫晶体 100 ~ 200 倍；加入少量煤油、食盐或醋效果更好。

（二）菜豆象

1. 分类学地位

菜豆象［*Acanthoscelides obtectus*（Say）］，属鞘翅目（Coleoptera），豆象科（Bruchidae），三齿豆象属（Acanthoscelides）。

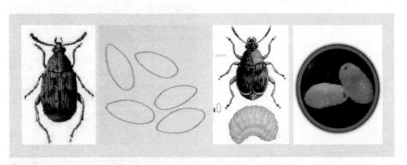

图 6.4　菜豆象的成虫、卵、幼虫和蛹

2. 形态特征

成虫：菜豆象成虫体长 2 ~ 4 mm。头、前胸及鞘翅黑色，密披黄色毛，背面暗灰色。腹部及臀板为橘红色，密披白色毛，杂以黄色毛。头部长而宽，密布刻点，额中线光滑无刻点。触角11节，基部4节及第11节为橘红色，其余为黑色，基部4节为丝状，第5～10节为锯齿状，末节呈桃形，端部尖细。前胸背板圆锥形。后足腿节腹面近端有3个齿，1个为长而尖的大齿，其后为2个小齿，大齿长度约为2个小齿的两倍。

卵：白色，半透明，椭圆形，两端圆形，一端较另一端宽。卵宽0.2～0.3 mm，卵长0.6～0.8 mm，宽与长的比值平均为0.4。

幼虫：1龄幼虫，体长约0.8 mm，宽约0.3 mm。中胸及后胸最宽，向腹部渐细。头的两侧各有1个小眼，位于上颚和触角之间。触角1节。前胸盾呈"X"或"H"形，上着生齿突。第8、9腹节背板具卵圆形骨化板。足由2节组成。老熟幼虫：体长2.4～3.5 mm，宽1.6～2.3 mm。体粗壮，弯曲呈"C"形；足退化。上唇具有刚毛10根，其中8根位于近外缘，排成弧形，其余2根位于基部两侧。无前胸盾，第8、9腹节背板无骨化板。

蛹：长3～5 mm，宽约2 mm，椭圆形；乳白色或淡黄色，肥大，疏生柔毛，头弯向胸部，口器位于第1对足之间，上颚、复眼均明显，触角弯向两边，足、翅分明。

3．生物学特性

主要以老熟幼虫或蛹在粮仓内越冬，不能在田间越冬。产卵时，成虫用口器在成熟或近成熟的豆荚内腹线上咬一狭缝或小孔，然后将产卵器伸入缝内产卵。豆荚内的卵经过15～20 d后开始孵化。

4．分布与为害

分布：缅甸、阿富汗、土耳其、塞浦路斯、朝鲜、日本、乌干达、刚果、安哥拉、布隆迪、尼日利亚、肯尼亚、埃塞俄比亚、美国、墨西哥、巴西、智利、哥伦比亚、洪都拉斯、古巴、尼加拉瓜、阿根廷、秘鲁、英国、奥地利、比利时、意大利、葡萄牙、法国、瑞士、塞尔维亚、匈牙利、德国、希腊、荷兰、西班牙、罗马尼亚、阿尔巴尼亚、波兰、俄罗斯、澳大利亚、新西兰、斐济、中国吉林等。

危害：菜豆象是多种豆类的重要害虫，幼虫在豆粒内蛀食，对储藏的食用豆类造成严重危害。

图 6.5　菜豆象的危害症状

5. 传播途径

主要借助被侵染的豆类通过贸易、引种和运输工具等进行传播。卵、幼虫、蛹和成虫均可被携带。

6．检疫方法

成豆调查：过筛检查种子，看有无成虫和卵，注意豆粒上是否有成虫的羽化孔或幼虫蛀入孔。成虫产的卵并不黏附在豆粒表面，必须在样品的筛出物中仔细寻找。羽化孔是幼虫老熟化蛹时，贴近蛹室的种皮呈半透明的"小窗"状，成虫羽化后打开天窗，在种皮上留下一个近圆形的直径为 1.5 ～ 2.4 mm 的羽化孔。

田间调查：田间可用扫网法捕获成虫。检查带卵的豆荚。

7．检疫处理及防治

（1）严格执行检疫。加强市场监管，严禁群众、商户等在疫区窜换豆类产品，严禁带有菜豆象疫情的豆类产品进入市场交易和调运。

（2）贮藏处理。非疫区豆类先熏蒸预防后贮藏。

（3）种子处理。少量豆类产品可用 50℃处理 2 小时，或 55℃处理 1 小时，60℃处理 20 分钟；也可用草木灰拌种，用量为草木灰与豆重量比为 1∶2；还可采用花生油拌种，每公斤豆 5 mL 花生油拌匀可保护豆粒。

（4）药剂防治。仓库发现有虫为害时立即进行熏蒸除虫处理。可用药剂有：溴甲烷 35 g/m³，处理 48 h；二硫化碳 200 ～ 300 g/m³，处理 24 ～ 48 h；氢氰酸 30 ～ 50 g/m³ 处理 24 ～ 48 h；磷化铝 9 g/m³ 处理 48 h。

（三）西瓜船象

1．分类学地位

西瓜船象 [*Baris granulipennis*（Tournier）]，属鞘翅目（Coleoptera），

象虫科（Curculionoidea），船象亚科（Barinae）。

2. 形态特征

成虫：体长 4.5 ～ 5.0 mm，宽 2.0 mm，红棕色至黑色，密被刻点。喙长为前胸背板长的 1.2 倍，细弯，向端渐细，背面着生粗密刻点，侧面刻点亦粗，多少愈合成纹，刻点均着生银色毛。触角红棕色，前胸背板横宽，两侧圆，端部强烈收缩，后角圆，前胸背板通常有光滑的无刻点区，10 个刻点长度平均为 0.588 mm。鞘翅宽，前部两侧直，近乎平行，后部变窄，鞘翅行纹 3 和 4 间通常具有 2 列刚毛，且鞘翅基部行间 3 与 4 略同宽，鞘翅最宽处平均 2.348 mm；受精囊开口宽阔、钝圆，很少收缩。足的颜色与体色相同，密生刻点，每刻点生毛，胫节长，跗节第三节宽，深裂，密生毛刷状跗垫。腹部隆起，侧面有粗糙的刻点，在中间变细。

图 6.6　西瓜船象成虫背面观

卵：初为白色透明，呈椭圆形，长 0.5 mm。

幼虫：长 5 mm，宽 3 mm，白色，有粉红背中线，后三分之一最宽，向头端间隙，上唇和上颚棕红色。

蛹：长 5 mm，宽 3 mm，白色，喙长达体长的三分之一。蛹长 6～8 mm，宽 4～5 mm，褐色，椭圆。

3．生物学特性

卵产于果实内，平均产卵 5～47 粒／头，卵期 3～6 d。新孵幼虫钻入果实深处继续生长发育，并寻找种子取食。当夏季温度在 30℃以上时，幼虫可能在 12～14 d 内完成发育。老熟幼虫必须寻找相对干燥的土中才能开始化蛹，如果长期处于湿润的环境，便很容易死亡。待环境条件合适时，便开始化蛹，蛹期约 12 d。成虫取食寄主植物叶、茎和嫩果以补充营养，西瓜船象通常在果实中长期生长为害。本种在以色列是为害瓜果最为严重的害虫之一，每年发生 2～3 代。

4．分布与为害

分布：苏丹、埃及、以色列、约旦、伊拉克、沙特阿拉伯、伊朗、格鲁吉亚、阿塞拜疆、土库曼斯坦、阿富汗。

为害：西瓜、黄瓜、甜瓜、药西瓜等瓜果。

5．传播途径

成虫具有较弱的飞行能力，卵、幼虫和蛹等随果实传带是主要的传播途径。

6．检疫方法

在检疫现场用放大镜观察果实表皮有无卵孔、驻孔或成虫取食痕迹，检查果实表面和附近有无成虫活动，如果发现果实上有多个为害小孔或者取食痕迹时，用解剖刀将果实剖开，检查果实内是否有幼虫和蛹。检查包装材料有无幼虫、蛹或成虫。

7. 检疫处理及防治

主要以熏蒸和手工去虫为主。

（四）椰心叶甲

1. 分类学地位

椰心叶甲［*Brontispa longissima*（Gestro）］，别称红胸叶甲、椰长叶甲、椰棕扁叶甲，属鞘翅目（Coleoptera），铁甲科（Hispinae），叶甲虫属（Brontispa）。

2. 形态特征

成虫：体扁平狭长，雄虫比雌虫略小。体长 8 ～ 10 mm，宽约 2 mm。头部红黑色，头顶背面平伸出近方形板块，两侧略平行，宽稍大于长。触角粗线状，11 节，黄褐色，顶端 4 节色深，有绒毛，柄节长 2 倍于宽。触角间突超过柄节的 1/2，由基部向端部渐尖，不平截，沿角间突向后有浅褐色纵沟。前胸背板黄褐色，略呈方形，长宽相当。具有不规则的粗刻点。前缘向前稍突出，两侧缘中部略内凹，后缘平直。前侧角圆，向外扩展，后侧角具 1 小齿。中央有 1 大的黑斑。鞘翅两侧基部平行，后渐宽，中后部最宽，往端部收窄，末端稍平截。中前部有 8 列刻点，中后部 10 列，刻点整齐。鞘翅颜色因分布地不同而有所不同，有时全为红黄色（印尼的爪哇），有时全为蓝黑色（所罗门群岛）。足红黄色，粗短，跗节 4 节。雌虫腹部第

5 节可见腹板为椭圆形，产卵期为不封闭的半圆形小环；雄虫为尖椭圆形，生殖器为褐色，约 3 mm 长。

卵：长 1.5 mm，宽 1.0 mm，褐色，卵壳表面有细网纹，椭圆形，两端宽圆。

幼虫：幼虫 3 ~ 6 龄，白色至乳白色。幼虫的龄期可从尾突的长短来分别，1 龄平均为 0.13 mm，2 龄 0.20 mm，3 龄 0.29 mm，4 龄 0.37 mm，5 龄 0.45 mm。

蛹：体浅黄至深黄色，长约 10.0 mm，宽 2.5 mm，与幼虫相似，头部具 1 个突起，腹部第 2 ~ 7 节背面具 8 个小刺突，分别排成两横列，第 8 腹节刺突仅有 2 个靠近基缘，腹末具 1 对钳状尾突。

3．生物学特性

椰心叶甲属完全变态昆虫。在中国海南一年发生 4 ~ 5 代，世代重叠。卵期为 3 ~ 6 d，孵化率 92.5%，幼虫期为 30 ~ 40 d，预蛹期 3 d，蛹期 6 d，成虫寿命可达 220 d。雌成虫产卵前期 1 ~ 2 月，每雌虫可产卵约 100 多粒。从卵至成虫约为 50 d。产卵前期 18 d，成虫有的每天都产卵，有的隔 1 ~ 5 d 产卵一次，每次产卵为 1 ~ 2 粒，最多 6 粒。卵主要分布在取食心叶而形成的虫道内，3 ~ 5 个一纵列，卵和叶面粘连固定。

图 6.7 椰心叶甲成虫和幼虫

4．分布与为害

分布：椰心叶甲原产于印度尼西亚与巴布亚新几内亚，现广泛分布于太平洋群岛及东南亚。包括中国（台湾、香港、海南）、越南、印度尼西亚、澳大利亚、巴布亚新几内亚、所罗门群岛、新喀里多尼亚、萨摩亚群岛、法属波利尼西亚、新赫布里底群岛、俾斯麦群岛、社会群岛、塔西提岛、关岛、马来西亚、斐济群岛、瓦努阿图、新加坎、法属瓦利斯和富图纳群岛、马尔代夫、马达加斯加、毛里求斯、塞舌尔、韩国、泰国等。

为害：椰心叶甲是国家禁止进境的国际二类植物检疫对象，危害以椰子为主的棕榈科植物。主要为害未展开的幼嫩心叶，成虫和幼虫在折叠叶内沿叶脉平行取食表皮薄壁组织，在叶上留下与叶脉平行、褐色至灰褐色的狭长条纹，严重时条纹连接成褐色坏死条斑，叶尖枯萎下垂，整叶坏死，甚至顶枯，树木受害后期表现部分枯萎和褐色顶冠，造成树势减弱后植株死亡。一棵椰子树最多可以有几千头椰心叶甲。

由于椰心叶甲成虫和幼虫均取食椰子等寄主未展开的心叶表皮组织，其危害症状呈现：心叶叶脉分布有平行的狭长褐色条斑，心叶展开后呈大型褐色坏死条斑，有的叶片皱缩、卷曲，有的破碎枯萎或仅存叶脉，被害叶表面常有破裂虫道和虫体排泄物。树受害后常出现褐色树冠，严重时，整株死亡。

椰心叶甲属毁灭性害虫。它在寄主上的危害部位为最幼嫩的心叶，叶片受害后出现枯死被害状，严重时植株死亡。

5. 传播途径

可靠飞行或借助气流进行一定距离的自然扩散，远距离传播主要借助于各个虫态随寄主（主要是种苗、花卉）调运传播。

6. 检疫方法

（1）植株检查：检查未展开和初展开心叶的叶面和叶背是否有椰心叶甲危害状即成虫和幼虫存在。

（2）装载容器如集装箱、纸箱等箱体的检查，若发现虫情，应立即进行包括退回、烧毁或熏蒸等方式的处理。

（3）调入控制。从外地调入的植株要有输出地检疫部门的棕榈科植物检疫证书，并要求该批植物来自非椰心叶甲发生区或者在出口前 7～9 d 和 24 h 用不低于 0.1% 的甲萘威溶液对植株心叶和主茎处理 2 次；同样地，调入地也要有相关检疫证书及化学处理。

7. 检疫处理及防治

（1）普查与检测。每年开展一次全面检查，查清椰心叶甲的发生地点、面积、感染范围和危害程度。在染虫区周边设立监测点，每2个月监测1次。

（2）分区治理。将发生疫情的地区划为疫区，把疫区外围3 km内的区域划为封锁区，实行分类区划，分区治理；疫区防治，也就是在面积小的地区可看出病株病烧毁，面积大则需要药物防治；封锁隔离区防治。

（3）化学防治。可采用喷雾法选用虫无踪等农药喷雾。或者采用挂包法，挂包法是将叶甲清粉剂药包固定在植株心叶上，让药剂随水或人工淋水自然流到害虫危害部位从而杀死害虫。只要药包中还有药剂剩余，一旦下雨，雨水都会带着药剂流向叶心起到杀虫作用。挂包法比其他化防方法有明显效果，且药效期长、效果较好，无粉尘或雾滴飘污染，有利于环境保护，对控制疫情发挥了巨大的作用。

（五）杨干象

1. 分类学地位

杨干象［*Cryptorhynchus lapathi*（L.）］，别称杨干隐喙象，鞘翅目（Coleoptera），象虫科（Curculionidae），隐喙象亚科（Cryptorhynchinae），隐喙象属（Cryptorhynchus）。

2. 形态特征

成虫：长椭圆形，黑褐色或棕褐色，无光泽。体长7.0～9.5 mm。全体密被灰褐色鳞片，其间散布白色鳞片，形成若干不规则的横带。前胸背板两侧，鞘翅后端1/3处及腿节上的白色鳞片较密，并混杂直立的黑色鳞片簇。鳞片簇在喙基部着生1对，在胸前背板前方着生 2 个，后方着生 3 个，在鞘翅上分列于第二及第四条刻点沟的列间部着生 6 个。喙弯曲，中央具 1 条纵隆线。前胸背板两侧近圆形，前端极窄，中央具 1 条细纵隆线。复眼圆形，黑色。触角 9 节呈状，棕褐色。鞘翅于后端的 1/3 处，向后倾斜，并逐渐萎缩，形成 1 个三角形斜面。臀板末端雄虫为圆形，雌虫为尖形。雄虫外生殖器阳具端的侧缘几乎平行，先端不扩大，略似弹头形，但不隆起，先端边缘中央有一"V"形缝。其全体淡色鳞片带有显著粉红色，特别在鞘翅后端 1/3 斜面处更为明显。

卵：椭圆形，长 1.3 mm，宽 0.8 mm。

幼虫：老熟幼虫体长 9.0 ～ 13.0 mm，胴部弯曲呈马蹄形，乳白色，全体疏生黄色短毛。头部黄褐色，上颚黑褐色，下颚及下唇须黄褐色。头顶有一倒"Y"形蜕裂线。无侧单眼。头部前端两侧各有 1 根小的触角。额唇基沟完整，唇基沟为弧形。唇基梯形，表面光滑，上唇横椭圆形，前缘中央具 2 对刚毛；侧缘各具 3 个粗刚毛，背面有 3 对刺毛；内唇前缘有 2 对小齿，两侧有 3 个小齿，中央有"V"形硬化褐色纹。其前方有 3 对小齿，最前方的 1 对较小，上颚内缘有 1 钝齿。下颚叶片细长，先端内侧有粗刺并列。下颚须及下唇须均为 2 节。前胸具 1 对黄色硬皮板。中、后胸各由 2 小节组成。腹部 1 ～ 7 节由 3 小节组成，胸部侧板及腹部隆起。胸足退化，在足痕处有数根黄毛。气门黄褐色。

蛹：乳白色，长 8.0 ～ 9.0 mm。腹部背面散生许多小刺，在前胸背板上有数个突出的刺。腹部末端具 1 对向内弯曲的褐色几丁质小钩。

图 6.8　杨干象成虫、幼虫和蛹

3．生物学特性

杨干象 1 年发生 1 代，以卵或 1 龄幼虫在寄主枝干上越冬。翌年 4 月中旬越冬幼虫开始活动，卵也相继孵化。幼虫先在韧皮部和木质部之间蛀食危害，后蛀成圆形坑道，蛀孔处的树皮常裂开如刀砍状，部分掉落而形成伤疤。5 月中、下旬在坑道末端向上钻入木质部，做成蛹室，6 月中旬开始羽化。羽化后经 6 ～ 10 d 爬出羽化孔，羽化盛期在 7 月中旬，7 月末羽化终了。成虫到嫩枝条或叶片上补充营养，形成针刺状小孔，7 月下旬开始交尾产卵，卵多产在树干 2 m 以下的叶痕、枝痕、树皮裂缝、棱角、皮孔处，每雌一次产卵 1 粒，平均卵量 44 粒，产卵期平均 36.5 d，当年孵化的幼虫，将卵室咬破，不取食，在原处越冬，部分后期产下的卵，不孵化，在卵室内越冬。

4．分布与为害

分布：分布在中国、日本、朝鲜、俄罗斯、匈牙利、捷克、斯洛伐克、德国、英国、意大利、波兰、法国、塞尔维亚、西班牙、荷兰、加拿大、美国。

为害：寄主多为杨柳科树种，以杨树为主，主要有甜杨、小黑杨、北京杨、矮桦等。幼虫先在韧皮部和木质部之间蛀食，后蛀成圆形坑道，蛀孔处的树皮常裂开呈刀砍状，部分掉落而形成伤疤。成虫产卵时可在枝痕、休眠芽、皮孔、棱角、裂缝、伤痕或其他木栓组织留下针刺状小黑孔。

图 6.9 杨干象的危害

5．传播途径

近距离传播，成虫爬行进行自然传播。远距离传播，主要通过人为调运带有越冬卵或初孵幼虫的苗木和无性系株或新采伐的带皮原木。

6．检疫方法

现场检测，检疫时注意观察苗木、新伐带皮原木的枝干表面是否有水渍状斑痕，对具为害状的苗木树干进行解剖，取出虫体进行鉴定，对有排泄孔和寄主植物的需格外留意。

7．检疫处理及防治

（1）加强对苗圃 3 年生大苗严格检疫，对幼林地及时进行跟踪检疫，对林地周围杨树做到全面监测，及时发现，及时预防，及时消灭虫源地。

（2）初期危害状不明显，在 4 月中、下旬树液开始流动时，采用40% 氧化乐果或 50% 久效磷 1 份兑 3 份水药液，用毛刷在幼树树干2 米高处，涂 10 cm 宽药环 1～2 圈。此法适用于 3～5 年生幼树。

（3）在小幼虫危害易识别期，被害处有红褐色丝状排泄物，并有树液渗出时，用 40% 氧化乐果 1 份加少量 80% 敌敌畏兑 20 份水药液点涂侵入孔。也可用 40% 氧化乐果、50% 久效硫磷、60% 敌马合剂 30 倍液用毛刷或毛笔点涂幼虫排粪孔和蛀食坑道，涂药量以排出气泡为宜。也可事先扩大侵入孔，用磷化铝颗粒剂塞入，然后用黏土泥封孔。

（4）6 月下旬～7 月下旬成虫出现期，喷洒绿色威雷（4.5% 高氯菊酯）触破式微胶囊剂 1000 倍液，50% 吡虫啉 1000 倍液，2.5%溴氰菊酯 1000 倍液，40% 杀螟松、40% 氧化乐果 800 倍液，每隔7～10 d 喷洒一次。

（5）于清晨傍晚时振动树枝，将振落假死成虫扑杀。

（6）靠近河流、湖泊水源条件较好林分，可挂旧木段招引啄木鸟。

（六）家天牛

1．分类学地位

家天牛（*Stromatium longicorne*），别称长角家天牛，鞘翅目（Coleoptera），天牛科（Cerambycidae）。

2．形态特征

成虫：体色褐色，密布黄褐色短毛，鞘翅上散布着小突起。雄者头部及前胸较大，触角较长，前胸侧腹方有一灰白色大斑。

雌成虫：腹末端稍有外露，常将藏卵器外伸。头顶凹下，正中有纵走沟纹一道；复眼大，略呈肾形；触角颜色与体色相同。

雄成虫：触角长度约体长2倍，雌虫则与体同长。前胸略呈扁圆形，布满粗大刻点，背中线有一脊状隆起，其两侧各有两个大的圆形隆起。脚长，颜色较鞘翅为深而近于黑色，胫节颜色近黄褐色，附节颜色略比胫节加深。鞘翅宽长，背面布有颗粒状粗大刻点，刻点间被满黄褐色短毛，肩部圆突，菱状。腹节5节，每腹板后缘颜色加深而有光亮。

卵：为尖椭圆形，卵壳质薄，表面粗糙，乳白色。

蛹：体黄白色，形似成虫，但稍大。

图 6.10　家天牛成虫

3．生物学特性

成虫有趋旋光性，盛产于 7、8 月间，雌虫可产卵 100 ～ 200 粒左右，卵期约 8 ～ 12 日；幼虫期一般为 2 ～ 3 年。

4．分布与为害

分布：主要分布在中国的北部和西部。

为害：幼虫野外寄主植物为相思树、茄苳。以幼虫蛀食各种阔叶树的木材，包括家具和建筑用材。幼虫在木门框、床板、木柜、屋梁上蛀食，形成不规则的坑道，内塞满木粉，为害时发出吱呀呀的声音。严重受害时，木材承受力减低，容易折断。

5．传播途径

该虫主要通过受侵木材（包括原木、方木、木板、木家具以及用于包装、铺垫、支撑、加固货物的木质包装材料）进行远距离传播扩散，也可由成虫的飞行在小范围内自然传播蔓延。

6．检疫方法

对调运的原木、方木、木板、木家具等木质材料和木质包装，仔细检查有无天牛产卵的裂缝或孔、入侵孔、羽化孔、虫道、排泄物或活虫体，该虫的蛀孔极小，易漏检。

7．检疫处理及防治方法

家天牛防治主要为一般的化学防治。涂刷 3% 柴油和杀虫药剂的混合溶液，或用 5% 硼酚合剂热冷槽法处理桉树木材，均可获得持久的效果。危害桉树家具的，采用浸泡法处理，药剂以 4% 硼砂或 2% 硼酸 +2% 硼砂为宜，也可采用烘干法进一步代替天然干燥，以杀死桉木中原有的虫卵和幼虫。

（七）美洲榆小蠹

1．分类学地位

美洲榆小蠹［*Hylurgopinus rufipes*（Eichhoff）］，鞘翅目（Coleoptera），小蠹科（Scolytidae）。

2．形态特征

成虫：体长约 2.2～2.5 mm，为体宽的 2.3 倍。暗褐色，全身被粗壮短毛。头的一部分缩进前胸，从上面观察只能见头部小部分。额顶部凸出，口上片突起的上方具微弱横刻痕。蜕裂线中干从后头孔伸出，长约为头壳的 1/4，蜕裂线无侧臂，故额、头顶和颊愈合成一体。除缩进前胸背板的部分外，背区、侧区均具精细而不规则的刻点。复眼椭圆形至长卵圆形，顶端稍宽，小眼面小且紧靠一起，无单眼。触角长约 0.64 mm，柄节、索节、触角棒之比为 6：4：5。柄节基部稍扭曲，索节 7 节，第 1 节最长。触角棒微扁，其 1、2 节间缝明显，第 3 节间缝不明显。胸部表面具稠密刻点，表面平滑具光泽，无突起。可明显地分为前胸、中胸、后胸。中胸前部被前胸后部覆盖。前胸前端宽，其背板长约等于中胸背板和后胸背板长的总和，而在腹面，后胸腹板最长，但不等于中胸腹板的 2 倍；中胸腹板比前胸腹板稍长。鞘翅长为宽的 1.5 倍；为前胸背板长的 2 倍。双翅闭合时，二侧缘大约 2/3 的长度近于平行，在后端逐渐弯曲会合。斜面成 1/4 球面状，其上无体刺。每一鞘翅具 10 行刻点沟。刻点沟略凹陷，沟间部略窄于刻点沟。除第 3 沟间部基部 1/2 处的刻点有些愈合外，均呈单列。前足胫节前方有长跗节槽；中后足胫节后方有一槽。胫节顶端有一特殊隆起，前足胫节上的较长，在顶端延伸形成 1 距。胫节末端和侧缘延伸形成若干缘齿。

　　卵：长椭圆形，珍珠白色。长约 0.66 mm，宽约 0.38 mm。

　　幼虫：发育成熟幼虫体长约 0.35 ～ 4 mm，最宽处约 1.4 mm。无足，起皱，近圆柱状，弯曲，背部凸起。除头部黄色至褐色外，其余乳白色，可大幅度地收缩或膨胀。

　　蛹：包括尾刺长 3.25 mm。最宽处约 1.5 mm，全身被刚毛。

图 6.11　美洲榆小蠹成虫及为害

3．生物学特性

　　以成虫和幼虫越冬，当温度达 20℃以上时，越冬成虫于第 2 年 4 月底至 5 月初离开冬眠坑道开始活动。开始时飞向榆树，在树皮外取食一段时间后便转移到已死但未干枯或濒死的直径 5 ～ 10 cm 粗的树枝上。侵入孔就在树皮鳞片下或裂缝中。坑道直接穿入形成层中。其典型的坑道为二分叉型，两条分支从入口处向两边横向延伸，母坑道可在树皮内或稍触及边材，长约 3.55 cm。卵产在母坑道的两边，每雌每天平均产 3～4 粒卵，一个季节只产一批卵。温度在 25℃时，卵在 5～6 d 内开始孵化。幼虫从母坑道两边成直角方向顺木纹钻蛀取食，蛀成子坑道。在夏季，幼虫期平均为 40～50 d，有 5～6 个龄期。幼虫老熟后便在坑道末端筑 1 蛹室化蛹，蛹期 8～12 d。通常在 7 月中旬后羽化成虫，羽化高峰在 8 月中旬。成虫羽化后，以生长旺盛的榆树嫩枝为食。

4．分布与为害

分布：加拿大（曼尼托巴、新不伦瑞克、安大略、魁北克、萨斯喀彻温）、美国（亚拉巴马、康涅狄格、特拉华、印第安纳、肯塔基、堪萨斯、缅因、明尼苏达、密西西比、马里兰、马萨诸塞、新罕布什尔、新泽西、纽约、北达科他、威斯康星、北卡罗来纳、俄亥俄、宾夕法尼亚、罗得岛、田纳西、弗吉尼亚、佛蒙特、西弗吉尼亚等州）。

为害：美洲榆小蠹是传染榆枯萎病的重要媒介。其在蛀食病树时，体内外就带有病原孢子，再蛀食健树时就把孢子传给健树，使其致病。无此病原时，美洲榆小蠹的危害性不大，因为它主要蛀食衰弱或已死亡的榆树。

5．传播途径

美洲榆小蠹远距离主要靠带树皮的榆属木材传播，近距离传播主要靠成虫迁飞扩散。

6．检疫方法

对来自疫区的榆属木材应特别注意检查，首先仔细观察原木表皮部分有无虫孔和蛀孔屑，再进一步剥皮检查有无成虫、卵、幼虫和蛹。

7. 检疫处理及防治方法

（1）营林防治：对发病的枝条及时修剪，处理，对根部感病的树，施行毁根，嫁根，已死和濒死的树要彻底烧毁。

（2）化学防治：喷施杀虫剂防治介体昆虫，亦可给病树注射缝隙磷，二甲砷酸，杀死寄居树干的传病介体。利用杀菌剂进行喷施和茎干注射可起治疗和保护作用，较有效的杀菌剂为多菌灵。

（3）生物防治：绿色木霉，丁香假单胞，荧光假单胞，镰刀菌和菊属植物提取物对菌也有抑制效果。在利用昆虫介体进行生物防治方面，已合成欧洲大榆小蠹的性外激素，还发现一种寄生蜂，另外苏云金杆菌和木酶亦对防治小蠹虫有效果。

（4）培育抗病品种。

（八）马铃薯甲虫

1. 分类学地位

马铃薯甲虫［*Leptinotarsa decemlineata*（Say）］，别称蔬菜花斑虫，鞘翅目（Coleoptera），叶甲科（Chrysomelidae）。

2. 形态特征

成虫：体长 9～11.5 mm，宽 6～7 mm。短卵圆形，体背显著隆起，红黄色，有光泽。鞘翅色稍淡，每一鞘翅上具黑色纵带 5 条。头下口式，横宽，背方稍隆起，向前胸缩入达眼处。唇基前缘几乎直，与额区有一横沟为界，上面的刻点大而稀。复眼稍呈肾形。触角 11 节，第一节粗而长，第二节很短，第五、六节约等长，第六节显著宽于第五节，末节呈圆锥形。口器咀嚼式。前胸背板隆起，宽为长的二倍。基缘呈弧形，前角突出，后角钝，表面布稀疏的小刻点。小盾片光滑。鞘翅卵圆形，隆起，侧方稍呈圆形，端部稍尖，肩部不显著突出。足短，转节呈三角形，股节稍粗而侧扁；胫节向端部放宽，外侧有一纵沟，边缘锋利；跗节显 4 节；两爪相互接近，基部无附齿。

　　幼虫：1、2 龄幼虫暗褐色，3 龄逐渐开始变成鲜黄色、粉红色或橘黄色；头黑色发亮，前胸背板骨片及胸部和腹部的气门片暗褐色或黑色。幼虫背方显著隆起。头为下口式，头盖缝短；额缝由头盖缝发出，开始一段相互平行延伸，然后呈一钝角分开。头的每侧有小眼 6 个，分成两组，上方 4 个，下方 2 个。触角短，3 节。上唇、唇基以及额之间由缝分开。头壳上仅着生初生刚毛，刚毛短；每侧顶部着生刚毛 5 根；额区呈阔三角形，前缘着生刚毛 8 根，上方着生刚毛 2 根。唇基横宽，着生刚毛 6 根，排成一排。上唇横宽。明显窄于唇基，前线略直，中部凹缘狭而深；上唇前缘着生刚毛 10 根，中区着生刚毛 6 根和毛孔 6 个。上颚三角形，有端齿 5 个，其中上部的一个齿小。1 龄幼虫前胸背板骨片全为黑色，随着龄的增加，前胸背板颜色变淡，仅后部仍为黑色。除最末两个体节外，虫体每侧有两行大的暗色骨片，即气门骨片和上侧骨片。腹片上的气门骨片呈瘤状突出，包围气门。中后胸由于缺少气门，气门骨片完整。4 龄幼虫的气门骨片和上侧片骨片上无明显的长刚毛。体节背方的骨片退化或仅保留短刚毛，每一体节背方约 8 根刚毛，排成两排。第 8、9 腹节背板各有一块大骨化板，骨化板后缘着生粗刚毛，气门圆形，缺气门片；气门位于前胸后侧及第 1～8 腹节上。足转节呈三角形，着生 3 根短刚毛；爪大，骨化强，基部附齿近矩形。

卵：长卵圆形，长 1.5～1.8 mm，淡黄色至深枯黄色。

蛹：离蛹，椭圆形，长 9～12 mm，宽 6～8 mm，橘黄色或淡红色。

图 6.12　马铃薯甲虫成虫、卵和幼虫

3．生物学特性

马铃薯甲虫以成虫在土壤内越冬。越冬成虫潜伏的深度为 20～60 cm。4～5 月，当越冬处土温回升到 14～15℃时，成虫出土，在植物上取食、交尾。卵以卵块状产于叶背面，卵粒与叶面多呈垂直状态，每卵块含卵 12～80 粒。卵期 5～7 d，幼虫期 16～34 d，因环境条件而异。幼虫孵化后开始取食。幼虫 4 龄，15～34 d。4 龄幼虫末期停止进食，大量幼虫在被害株附近入土化蛹。幼虫在深 5～15 cm 的土中化蛹。蛹期 10～24 d。

在欧洲和美洲，1 年可发生 1～3 代，有时多达 4 代。发育 1 代需要 30～70 d。

4. 分布与为害

分布：美洲，德国，法国，比利时，西班牙，瑞士，意大利，葡萄牙，匈牙利，斯洛伐克，俄罗斯，白俄罗斯。

为害：种群一旦失控，成、幼虫为害马铃薯叶片和嫩尖，可把马铃薯叶片吃光，尤其是马铃薯始花期至薯块形成期受害，对产量影响最大，严重的造成绝收。

5. 传播途径

人为传播为主：来自疫区的薯块、水果、蔬菜、原木及包装材料和运输工具，均有可能携带此虫。自身扩散传播：通过风、气流和水流等途径传播。越冬成虫出土后，若遇到 10 米 / 秒大风，16 天可扩散到 100 公里以外地区。

6. 检疫方法

马铃薯甲虫是重要检疫性害虫，必须按照国家检疫部门的规定和要求，实行严格检疫，在发生区需采取多种措施尽快扑灭。

7. 检疫处理及防治

（1）依法检疫，发生马铃薯甲虫的地区，应依法划定疫区，采取封锁和扑灭措施，马铃薯不得调出。其他农产品在调运前应进行产地检疫，以确保不传带马铃薯甲虫。在疫区边界实行调运检疫，对调出的有关植物、农产品、运载工具、铺垫包装材料等要严格检查和消毒处理，防止马铃薯甲虫传出。在发生区周围应建立隔离带，禁止种植马铃薯和其他茄科作物，防止马铃薯甲虫的自然传播。马铃薯种薯繁育基地需按产地检疫规程的要求，实施产地检疫。发现马铃薯甲虫，必须全部割蔓销毁，喷药处理土壤，种薯不得带土壤，不得用马铃薯蔓条包装或铺垫。

（2）药物防治，据国外经验，多种有机氯杀虫剂、有机磷杀虫剂、氨基甲酸酯类杀虫剂、菊酯类杀虫剂对马铃薯甲虫都有较高防治效果。

马铃薯甲虫对多种杀虫剂都产生了抗药性，造成药剂失效而重新猖獗。尤其值得注意的是：此种抗药性产生的速度很快。马铃薯甲虫在美国纽约州1年发生2代，该地有药剂防治的长期历史，对多种药剂具有抗药性，需将有机磷杀虫剂与菊酯类杀虫剂轮流或交替使用。

（3）栽培防治，根据当地马铃薯栽培特点和甲虫发生规律，灵活采取减少虫口数量和减轻虫害的农业措施。薯田与谷类或其他非寄主作物倒茬，实行轮作，避开前作薯田越冬成虫为害。早春马铃薯甲虫出土不整齐，延续时间长，可人工捕杀越冬成虫和摘除卵块。

（4）生物防治，保护利用草蛉、瓢虫、步甲、蜘蛛等捕食性天敌和寄生蜂、寄生蝇等，以减低虫口。施用苏云金杆菌制剂，对低龄幼虫有较好防效。

（九）木蠹象

1．分类学地位

木蠹象（*Pissodes pnnetatus*），鞘翅目（Coleoptera）。

2．形态特征

成虫：体长 3.8 ～ 7.5 mm，宽 1.6 ～ 3.2 mm，椭圆形，黑褐色，体背鳞片灰白色，背面疏、腹面密，前胸背板前缘有棕褐色弧形带纹1 条，中胸背板小盾片白色，鞘翅基部稍宽于前胸，两侧平行，端部钝圆，两鞘翅上有隆起的行纹和深凹的黑色粗刻点，距翅端约 2/5 处有灰黄色椭圆形横斑 1 块；头半球形，光滑，眼扁圆形，黑褐色；喙长 1.5 ～ 2 mm，圆滑，黑褐色，稍弯曲，端部陀螺形；足股节无齿，胫节外缘端部有钩状刺，内缘有一直刺，因节端部有趾钩。

卵：椭圆形，白或淡黄色，半透明，具光泽，长 1.0 ～ 1.2 mm，宽 0.7 ～ 0.9 mm。

幼虫：体白或微黄，肥胖多皱纹，无足，稍弯曲，头浅褐色。老熟虫体长 6.0 ～ 10.6 mm，宽 2.0 ～ 2.9 mm。

蛹：白至淡黄色，长 4.1 ～ 6.9 mm，宽 1.5 ～ 2.9 mm。

图 6.13　木蠹象卵、成虫和幼虫

3. 生物学特性

一年发生 1 代，多数以老熟幼虫、少数以成虫越冬。越冬老熟幼虫翌年 3 月上旬至 5 月下旬化蛹，4 月上旬至 6 月下旬羽化，5 月上旬为成虫羽化高峰期，6 月上旬开始产卵，6 月下旬幼虫开始孵化，10 月以 4 龄老熟幼虫越冬。

成虫羽化后约 10 天进行交尾，交尾后约 20 天开始产卵，产卵量平均 15 粒。成虫寿命长，不进食亦可成活约 45 天。成虫数十至百头集中取食树皮光滑、生长势较弱的植株，遭蛀食为害的植株从树干蛀孔内流出松脂，叶黄枝枯，进而整株枯死，林缘木受害较重。

4．分布与为害

分布：该属目前已记录种类 46 种，29 种分布于美洲，18 种分布在欧洲和亚洲，其中耐猛木蠹象是美洲、欧洲和亚洲共有的种类，主要分布于美洲的美国、加拿大，欧洲的俄罗斯和亚洲的日本。

为害：木蠹象属的寄主植物均为针叶树，包括 5 属 39 种，以松属为寄主植物的有 26 种木蠹象，以云杉属、冷杉属、落叶松属和黄杉属为寄主植物的木蠹象分别为 9、5、4 和 1 种。分布于中国的木蠹象有 7 种，其中粗刻点木蠹象和云南松木蠹象是特有种类，葛氏木蠹象、圆角木蠹象和樟子松木蠹象是与欧洲共有的种类，黑木蠹象、葛氏木蠹象和红木蠹象与日本共有，红木蠹象与韩国共有。

5．传播途径

木蠹象属许多种类是针叶树的重要害虫，且极易通过人为携带传播扩散。

6．检疫方法

根据该属害虫的习性、地理分布和货物的包装的特点制定相应的检疫措施。在检疫现场要严格施检，发现可疑情况及时处理。

7．检疫处理及防治

（1）伐除和销毁严重受害木，减少虫源。

（2）加强抚育管理，改善林地卫生，增强树木生长势。3.40% 氧化乐果 10 倍液色扎树木主干或用树虫净注射遭害轻微的受害树。

（十）椰子缢胸叶甲

1．分类学地位

椰子缢胸叶甲（*Promecotheca cumingii* Baly），属鞘翅目（Coleoptera），铁甲科（Hispidae），潜甲亚科（Anisoderinae）。

2．形态特征

成虫：体长 7.5～10.0 mm，宽 1.6～2.0 mm，通常为黄褐色，触角 11 节，鞘翅刻点在基部 1/3 部分以后 8 列，不被纵向微脊隔成双列，各足腿节内侧有 1 刺。

卵：长约 1.5 mm，宽约 1.0 mm，厚约 0.3 mm，形似西瓜籽，棕褐色。

幼虫：奶油色，半圆柱状。虫体 11 节，每节两侧有 6 对细毛。成熟幼虫平均体长 9.5 mm，头宽 1.5 mm。

蛹：平均体长 8.1 mm，宽 1.6 mm，黄褐色，有毛被。眼黑色，上颚棕褐色。

图 6.14　椰子缢胸叶甲成虫及为害

3．生物学特性

成虫在叶上咬食，幼虫则自表面进入而在叶内蛀食。每条幼虫一生向叶端方向蛀食，形成 1 条宽 1 cm 左右、长 10～20 cm 的蛀道。蛀道部位上表面仅剩 1 薄膜，且迅速干褐。叶片上往往有多个虫体同时为害。被害叶片卷曲、焦枯，经风吹易折断。此虫相对喜食较老的叶片即第 4、第 5 片叶，即使受害严重时，一般情况下心叶往往可以幸免，而使树势恢复有期。卵单产于叶下表皮用口器咬开的洞内，洞外覆盖有雌虫分泌的半消化状态的叶肉组织分泌物，用以保护卵，历期 10.5～15 d。幼虫孵出后，直接蛀入叶肉组织，有 3 个龄期，历时 30 天左右，当幼虫蜕皮或化蛹时，它会退到蛀道的中部位置。此虫幼虫期的一个比较特别的习性是将粪便等分泌物排于蛀道内两侧，在叶面上能透过叶膜看到。蛹历期 7～13 d。羽化时，在叶上表皮咬一半圆形孔钻出。

4．分布与为害

分布：马来西亚、新加坡、文莱、菲律宾、印度尼西亚、斯里兰卡。

为害：在椰子上也发生一种比较严重的同属害虫，分布南亚地。

5．传播途径

随椰子及其他棕榈科种类植株、椰果、纤维及其他载体远距离传播，也可随风扩散。

6．检疫方法

现场检疫：棕榈科种苗的建议；椰子果实、椰壳纤维的检疫。

室内检疫：对现场抽取的棕榈科植物植株或种苗进行认真检查，

尤其是下部的老叶要特别注意。先看叶表面是否有成虫，再观察各小叶是否有泡状。用小刀或剪刀将泡状的叶表皮挑开，取出幼虫或蛹。并用 10 倍放大镜观察叶表面是否有 2 ～ 3 mm 卵圆形囊状态鼓包，发现囊包物可用解剖针挑开囊包，在解剖镜下寻找虫卵。

7. 检疫处理及防治

对进境的有关种苗等植株，应仔细检查有无被害状。若发现幼虫，应饲养到成虫以备鉴定，在新赫布里底岛等地，在椰子上也发生一种比较严重的同属害虫，但它前胸背板黑色，可与椰子绲胸叶甲区分。根据前面所述成虫特征以及分布和寄主等可与本属其他种类相区别。凡从疫区进口椰果，必须剥除椰果外皮层。

（十一）欧洲大榆小蠹

1. 分类学地位

欧洲大榆小蠹［*Scolytus multistriatus*（Marsham）］，属鞘翅目（Coleoptera），多食亚目（Polyphagia），小蠹科（Scolytinae），小蠹属（Scolytus）。

2. 形态特征

成虫：体长 1.9 ～ 3.8 mm，长约宽的 2.3 倍。体红褐色，鞘翅常有光泽。雄虫额稍凹，表面有粗糙的斜皱纹，刻点不清晰，额毛细长稠密，环聚在额周缘。雌虫额明显突起，额毛较稀、较短。触角锤状部有明显的角状缝，呈铲状，不分节，触角鞭节 7 节。眼椭圆形，无缺刻。前胸背板方形，表面光亮，刻点较粗、深陷，相距很近，相距约刻点直径的 2 倍，光滑无毛。鞘翅长为宽的 1.3 倍，刻点沟凹陷中等，沟间部略凹陷，刻点沟和沟间部的刻点单行排列，很小，中等凹陷，较近，沟间部的刻点常较刻点沟中的刻点稍小。表面光滑。鞘翅后方不构成斜面。第2腹板前半部中央有向后突起的圆柱形的粗直大瘤。雄虫从第2腹节起，腹部向鞘翅末端水平延伸。第2～4腹节的侧缘有1列齿瘤，两性腹部形态基本相同，但雌虫2～4腹板后缘的刺瘤突较小，第3、4腹板后缘中间光平无瘤。

卵：白色，近球形。

幼虫：成熟幼虫长5～6 mm，体型拱曲，多褶折。额心脏形，具6对额刚毛和前后2对额感觉孔。第2、3和6额刚毛不排列在一横线上；第2、4额刚毛前后几乎排列成一直线。前额感觉孔位于第2、4额刚毛之间或位于第2、3、4额刚毛所组成的三角形边的两侧，触角区凸起，大部分由微刺覆盖；触角刚毛7根，4根位于侧面，1根在后，2根在中。唇基宽约为长的2.5倍，具2对唇基毛，唇基孔1对，左有两孔各位于唇基毛之间。上唇的宽为长的1.5倍，具5对上唇毛，侧方3对排列成三角形，前方具中毛2对，上唇感觉孔3个。中央的常较左右的两个靠后。在内唇的3对前侧刚毛排成行，与缘平行，中间前后排列3对刚毛，披针状，第2与第3对之间有2对内唇感觉孔，排列成一方形。

蛹：短壮的翅芽弯曲着包在腹部之外，体的颜色由白色至黑色，随蛹龄的增加而颜色加深。

图 6.15　欧洲大榆小蠹成虫

3．生物学特性

该虫是荷兰榆枯萎病菌（*Ceraticystis ulmi*）的主要媒体，主要危害榆树。以幼虫越冬，少数以成虫或蛹越冬；成虫约 5 月份羽化，第 1 代成虫飞行期可持续 40～50 d，最多能飞行 5 km，每雌可产卵 35～140 粒；在相对湿度为 75% 和 27℃的恒温条件下，卵孵化需 6 天，幼虫期为 27～29 d，蛹期为 7 天，有滞育特性。成虫对受伤的树和枯草芽孢杆菌（*Bacillus subtilis*）的分泌物敏感，越冬后第 1 代成虫在健康的树干和枝条上取食，构筑坑道，将病菌孢子传入韧皮部。幼虫取食形成的子坑道从母坑道出发，呈辐射状。幼虫在树皮中化蛹，成虫在蜂室内羽化后稍停一段时间后咬穿树皮，留下约 2 mm 的圆形羽化孔。每年 1～3 代不等。

4．分布与为害

分布：美国、伊朗、丹麦、瑞典、俄罗斯、捷克、波兰、匈牙利、德国、瑞士、荷兰、比利时、卢森堡、英国、爱尔兰、法国、西班牙、葡萄牙、意大利、塞尔维亚、罗马尼亚、保加利亚、希腊、埃及、阿尔及利亚、澳大利亚、加拿大、美国等地。

为害：该虫是一种边材小蠹，主要危害树干和粗枝的韧皮部，破坏形成层。此虫是荷兰榆病病菌的传播者。荷兰榆病是一种毁灭性的病害，能引起榆树大批死亡。

5．传播途径

马铃薯甲虫主要通过贸易的途径及风、气流和水流进行传播。来自疫区的薯块、水果、蔬菜、原木及包装材料和运输工具均有可能携带此虫。另外，风对该虫的传播起到很大作用，该虫扩展的方向与发生季节优势风的方向一致，成虫可被大风吹到 150 ～ 350 km 之外。气流和水流也有助于该虫的扩展。近距离扩散靠成虫飞行和爬行。

6．检疫方法

对榆木及其制品要严格检疫，特别是来自疫区的货物，应引起高度的警惕。在现场检疫时，仔细检查该批货物及其包装铺垫材料是否带有树皮，树皮上是否有虫孔、虫粪、活虫、虫残体等，如发现可疑情况，则剥皮检查，将查到的虫体保存好，尽快送实验室镜检，并详细记录所观察到的症状。如发现是可疑虫体，则尽快送有关专家核实。

7．检疫处理及防治方法

清除受侵害树和树枝，并用林丹处理树干和枝条，保持林区里的卫生；合理的施肥、浇水、整枝，保持树势生长旺盛，增强树木抗病虫害的能力；用具内吸作用的农药，如氧化乐果、杀虫脒等，喷雾和涂树干可杀死幼虫和成虫；在美国的一个小镇曾用诱捕法诱捕了 200 多万头成虫，但不能有效地控制该虫的危害和压低其种群。还可用溴甲烷或硫酰氟熏蒸，在 15℃以上气温条件下推荐使用的剂量为，溴甲烷 32 g/m³、24 h，或硫酰氟 64 g/m³、24 h；用水浸泡 1 个月以上。

（十二）稻水象甲

1. 分类学地位

稻水象甲（*Lissorhoptrus oryzophilus* Kuschel），鞘翅目（Coleoptera），象虫科（Curculionidae）。

2. 形态特征

体褐色，前胸背板和鞘翅的中区无鳞片，呈暗褐色斑。喙和前胸背板约等长，有些弯曲，近于扁圆筒形。触角红褐色着生于喙中间之前，分为 3 节。前胸背板宽大于长，两侧边近于直。鞘翅上有 6 条纵纹。足中足胫节两侧各有一排游泳毛。

3. 生物学特性

1 代 / 年（日本），2 代 / 年（美国）。以成虫在稻茬下及草丛中越冬。成虫产卵期 30～50 d，50～100 粒 / 头，卵期为 1 周左右。幼虫 4 龄，1～2 龄蛀食稻根，3～4 龄取食根表，幼虫期 30～40 d。蛹期 1～2 周。单性生殖型（孤雌生殖），美国西部、日本、朝鲜。两性生殖型，美国南部，还具有较强的飞翔能力、游泳和潜水能力，较强的趋光性。

图 6.16　稻水象甲成虫

4．分布及为害

分布：美国、加拿大、古巴、墨西哥、多米尼加、苏里南、哥伦比亚及委内瑞拉；日本、朝鲜、韩国和中国（河北、山东、浙江、天津、辽宁、吉林）。

为害：寄主植物，水稻等禾本科、泽泻科、鸭跖草科、莎草科、灯心草等数十种植物。成虫，13 科 104 种植物；幼虫，6 科 30 余种植物。

5．传播途径

自然传播，飞翔能力、水中游泳和潜水。

人为传播，稻谷、稻草及产品、包装物、填充物、交通工具。

6．检疫和防治

（1）由疫区（重点是美国、古巴、日本）进口的稻草、稻草制品及可能携带该虫的包装物、填充物等要严格检验，发现虫情，立即就地烧毁。

（2）疫区的稻水象甲活虫体，被害株不得作为标本带出。

（3）药剂防治，50% 巴丹水溶性粉剂、50% 倍硫磷乳剂、菊酯类等。

（4）选用抗虫品种，如毛稻、陆羽 20 号、WC-1403 等。

（5）秋耕晒垡，冬灌，铲除杂草。

（十三）谷斑皮蠹

1. 分类学地位

谷斑皮蠹（*Trogogerma granarium* Everts），属鞘翅目（Coleoptera），皮蠹科（Dermestidae）。

2. 形态特征

成虫：体长 1.8 ～ 3.0 mm，宽 0.9 ～ 1.7 mm，雌虫一般大于雄虫。体呈长椭圆形，体壁发亮，头及前胸背板暗褐色至黑色，鞘翅红褐色，触角及足淡褐色。前胸背板近中央及两侧有不明显的黄色或灰白色毛斑。鞘翅密被淡褐色至深褐色毛，腹面被褐色毛。触角 11 节（极少数个体为 9 ～ 10 节），雄虫触角棒 3 ～ 5 节，末节长约为第 9、10 节的总和，雌虫触角棒 3 ～ 4 节。触角窝后缘隆线特别退化，雄虫约消失全长的 1/3，雌虫约消失全长的 2/3。雌虫交配囊骨片极小长约 0.2 mm，宽约 0.01 mm，上面的齿稀少。雄虫第 9 腹节背板两侧着生刚毛 3 ～ 4 根。

幼虫：老熟幼虫，体呈纺锤形，长 4.0 ～ 6.7 mm（平均约为 5.3 mm），宽 1.4 ～ 1.6 mm（平均约为 1.5 mm），背面乳白色至红褐色或淡褐色。第 1 腹节端背片最前端的芒刚毛不超过前脊沟。身体背面的箭刚毛多着生于背板侧面，尤其在腹末几节背板最集中，形成密的暗褐色毛簇。箭刚毛末节呈枪头状，其长度约等于其后方 4 个小节的总长。第 8 腹节背板无前脊沟，或仅以间断线形式存在。上内唇具感觉乳突 4 个。触角节 1、2 节约等长，第 1 节上的刚毛散布于该节周围，仅外侧 1/4 无刚毛。

卵：长约 0.7 mm，宽约 0.25 mm，长筒形稍弯曲，一端纯圆，另一端较尖并着生许多刺状突，刺突基部粗，端部细。初产时乳白色，后变为淡黄色。

蛹：雌体长平均 5 mm，雄体长 3.5 mm，离蛹，淡黄色，扁圆锥形，体表着生多数细毛。对于谷斑皮蠹种的鉴定，主要在于同属中几个常见种的区分，这就需要熟悉成虫、幼虫的基本构造，并掌握必要的操作技术。对幼虫的鉴定，主要观察上内唇乳突数及第 8 背板前脊沟的有无。

图 6.17　谷斑皮蠹成虫和蛹

3．生物学特性

在东南亚，1年发生 4～5 代。以幼虫在仓库缝内越冬。成虫的寿命短，交配过的雌虫存活 4～7 d，未交配过的雌虫存活 20～30 d，雄虫可存活 7～12 d；成虫不飞行，很少取食。成虫羽化后 2～3 d 开始交尾，一次交配可使雌虫所产卵全部可育，但交配两次可极大地提高产卵量。卵多散产，每次产卵 50～90 粒。耐干性强，在植物含水量 2% 的情况下仍能顺利繁殖和发育。耐冷耐热能力也很强，比一般的仓库害虫能够忍耐更冷更热的环境。还有突出的耐饥力，当食物缺乏时，接近成熟的幼虫甚至可以钻入缝隙处休眠。幼虫多集中于粮堆顶部取食，进入 3 龄后又钻入缝隙中群居。

4．分布及为害

分布：原产于南亚，现已传播到世界各国。

为害：谷斑皮蠹是世界公认的最重要的仓库害虫之一。食性杂，取食多种植物性和动物性贮藏物，造成的损失一般为 5～30%，严重时高达 75%，幼虫很贪食，有粉碎食物的特性，对许多药剂和熏蒸剂有很强的抗性，是最难防治的仓库害虫。寄主范围，大（小）麦、麦芽、燕麦、黑麦、玉米、高粱、稻谷、面粉、花生、干果、坚果、奶粉、鱼粉、血干、蚕茧、皮毛、丝绸等。

5．传播途径

各虫态随寄主食物以及包装物、填充物铺垫材料、运输工具等远距离传播。

6．检疫方法

注意严格检疫。注意检查散装粮船船舱四周缝隙和靠仓壁表面的粮食，检查麻袋、纸箱等包装物品的缝隙及夹层；注意检查曾堆放感染谷斑皮蠹物品货栈、仓房、木质结构的缝隙，甚至有缝隙的石灰墙浮层内。检查发现疫情后，采取熏蒸的办法及时扑灭。常用熏蒸剂有磷化氢、溴甲烷等。谷斑皮蠹幼虫比大多数仓蛀害虫更抗熏蒸剂。但溴甲烷熏蒸处理多种货物能很好地防治该虫。在建筑物和船上有效地熏蒸处理需要在熏蒸期间保持高浓度的毒气以使气体能穿透断裂处及缝隙。国外利用谷斑皮蠹裂簇虫等寄生虫、谷斑皮蠹性外激素等进行生物防治。

7．检疫和防治

（1）对来自东南亚的饲料粮，来自非洲的花生、芝麻等应进行针对性检查，对缝隙、包角、褶缝、船舱、旧钢船的生活区、阴暗角落等要仔细检查。发现虫情应退货或立即就地熏蒸除虫。

（2）对空仓或运输工具可喷布马拉硫磷灭虫；高温处理。

（3）虫情调查是掌握传播、蔓延情况的重要步骤。

（4）载虫量大且危害严重的寄主、仓库以及运输载体等必要时就地焚烧销毁，以防后患。

（十四）光肩星天牛

1．分类学地位

光肩星天牛［*Anoplophora glabripennis*（Motschulsky）］，属鞘翅目（Coleoptera），沟胫天牛亚科（Lamiinae）。

2．形态特征

成虫：体长 17 ～ 39 mm，漆黑色，带紫铜色光泽。前胸背板有皱纹和刻点，两侧各有一个棘状突起。鞘翅上有十几个白色斑纹，基部光滑，无瘤状颗粒。

卵：长 5.5 mm，长椭圆形，稍弯曲，乳白色；树皮下见到的卵粒多为淡黄褐色，略扁，近黄瓜子形。

幼虫：体长 50 ～ 60 mm，乳白色，无足，前胸背板有凸形纹。

蛹：体长 30 mm，裸蛹，黄白色。

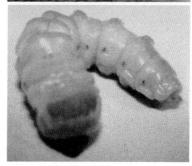

图 6.18　光肩星天牛成虫和幼虫

3．生物学特性

一年发生一代，或两年发生一代。以幼虫或卵越冬。来年 4 月份气温上升到 10℃以上时，越冬幼虫开始活动为害。5 月上旬至 6 月下旬为幼虫化蛹期。从做蛹至羽化为成虫共 41 天左右。6 月上旬开始出现成虫，盛期在 6 月下旬至 7 月下旬，直到 10 月都有成虫活动。6 月中旬成虫开始产卵，7、8 月间为产卵盛期，卵期 16 天左右。6 月底开始出现幼虫，到 11 月气温下降到 6℃以下，开始越冬。光肩星天牛主要为害加杨、美杨、小叶杨、旱柳和垂柳等树。幼虫蛀食树干，为害轻的降低木材质量，严重的能引起树木枯梢和风折；成虫咬食树叶或小树枝皮和木质部，飞翔力不强，白天多在树干上交尾。雌虫产卵前先将树皮啃一个小槽，在槽内凿一产卵孔，然后在每一槽内产一粒卵（也有两粒的），一头雌成虫一般产卵 30 粒左右。刻槽的部位多在 3～6 cm 粗的树干上，尤其是侧枝集中，分杈很多的部位最多，树越大，刻槽的部位越高。初孵化幼虫先在树皮和木质部之间取食，25～30 d 以后开始蛀入木质部；并且向上方蛀食。虫道一般长90 mm，最长的达 150 mm。幼虫蛀入木质部以后，还经常回到木质部的外边，取食边材和韧皮。

4．分布及为害

分布：朝鲜、日本、中国（辽宁、内蒙古、宁夏、甘肃、河北、山西、陕西、山东、江苏、安徽、浙江、湖北、江西、福建、广西、四川）。

为害：主要危害的果树和林木有苹果、梨、李、桃、樱桃、樱花、杨、柳、榆、槭树。

5．传播途径

主要以幼虫和蛹随寄主树种、原木和板材包装材料进行远距离传播。

6．检疫方法

该虫个体较大，被害状也明显，通常采用直观和解剖检验的方法进行。

7．检疫和防治

（1）严格进行产地检疫。在害虫发生区，及时除掉失去经济价值的树木，集中销毁。外运的带虫苗木进行帐幕熏蒸。

（2）成虫大量羽化时，进行人工捕捉，减少产卵量。

（3）对已蛀入木质部危害的天牛幼虫，用药签或棉球吸药液（敌敌畏、乐果、杀螟松等）塞孔，然后再用泥封堵虫孔。

二、鳞翅目害虫

鳞翅目包括蛾、蝶两类昆虫，属有翅亚纲、全变态类。全世界已知约 20 万种，中国已知约 8000 余种。该目为昆虫纲中仅次于鞘翅目的第 2 个大目。分布范围极广，以热带种类最为丰富。绝大多数种类的幼虫为害各类栽培植物，体形较大者常食尽叶片或钻蛀枝干。体形较小者往往卷叶、缀叶、结鞘、吐丝结网或钻入植物组织取食为害。成虫多以花蜜等作为补充营养，或口器退化不再取食，一般不造成直接危害。

（一）苹果蠹蛾

1. 分类学地位

苹果蠹蛾［*Cydia pomonella*（Linne）］，属鳞翅目（Lepidoptera），卷蛾科（Tortricidae），小卷蛾亚科（Olethreutinae）。

2. 形态特征

成虫：体长 8 mm，翅展 15～22 mm，体灰褐色，前翅臀角处有深褐色椭圆形大斑，内有 3 条青铜色条纹，其间显出 4～5 条褐色横纹；翅基部外缘突出略成三角形，杂有较深的斜形波状纹；翅中部颜色最浅，淡褐色，也杂有褐色斜形的波状纹。前翅 R4+5 脉与 M3 脉的基部明显，通过中室；R2+3 脉的长度约为 R4+5 脉基部至 R1 脉基部间距离的 1/3；组成中室前缘端部的一段 R3 脉的长度约为连接 R3 脉与 R4 脉的分横脉（S）的 3 倍；R5 脉达到外缘；M1 与 M2 脉远离；M2 与 M3 脉接近平行；Cu2 脉左起自中室后缘 2/3 处；臀脉（1A）1 条，基部分叉很长约占臀脉的 1/3。后翅黄褐色，基部较淡；Rs 脉与 M1 脉基部靠近；M3 脉与 Cu1 脉共柄；雌虫翅缰 4 根，雄虫 1 根。雄性外生殖器抱器瓣在中间有明显的颈部。抱器腹在中间凹陷，外侧有 1 尖刺。抱器端圆形，有许多毛。阳茎短粗，基部稍弯。阳茎针 6～8 枚，分两行排列。

卵：椭圆形，长 1.1～1.2 mm，宽 0.9～1.0 mm，极扁平，中央部分略隆起，初产时像一极薄的蜡滴，半透明。随着胚胎发育，中央部分呈黄色，并显出 1 圈断续的红色斑点，后则连成整圈，孵化前能透见幼虫。卵壳表面无显著刻纹，放大 100 倍以上时，则可见不规则的细微皱纹。

幼虫：初龄幼虫体多为淡黄白色，成熟幼虫 14～18 mm，多为淡红色，背面色深，腹面色浅。头部黄褐色。前胸盾片淡黄色，并有褐色斑点，臀板上有淡褐色斑点。头部眼群毛 O1 与 A3 的连接不通过单眼 1（最多仅相切）。上唇上缘较平直，下缘呈"W"形，但中央缺刻较浅；表面有 6 对对称排列的毛，其中 4 对沿上唇下缘分布，另 2 对位于上唇中区。上颚具齿 5 个，但只有 3 个较发达。前胸气门群 4、5、6 位于同一毛片上；足群 7a、7b；中胸和后胸亚背群 1、2 毛及气门上群 3、3a 分别位于同一毛片上，气门群 4、5 位于同一毛片上，足群仅有 7a 毛。腹节 1～8 气门上群 3、3a 位于同一毛片上，气门群 4、5 位于同一毛片；腹节 9 的 4、5 毛位于同一毛片或与 6 毛相连。腹节 1～6 足群具 7a、7b、7c 位于同一毛片。腹节 7～8 足群 7a、7b 位于同一毛片；腹节 9 仅有 7a 毛且 1、3 毛位于同一毛片，1、2、3 毛（D1、D2、SD1）排成一个三角形。

蛹：全体黄褐色。复眼黑色。喙不超过前足腿节。雌蛹触角较短，不及中足末端；雄蛹触角较长，接近中足末端。中足基节显露，后足及翅均超过第 3 腹节而达第 4 腹节前端。雌蛹生殖孔开口第八节、第九腹节腹面，雄虫开口第九腹节腹面，肛孔均开口第十腹节腹面。雌雄蛹肛孔两侧各有 2 根钩状毛，加上末端有 6 根（腹面 4 根，背面 2 根）共为 10 根。第 1 腹节背面无刺；腹节 2～7 背面的前后缘各有 1 排刺，前面一排较粗，大小一致，后面一排细小；腹节 8～10 背面仅有 1 排，第 10 腹节上的刺仅为 7～8 根。

图 6.19　苹果蠹蛾成虫和幼虫

3. 生物学特性

该虫在我国新疆地区 1 年发生 1 ～ 3 代，在伊犁完成 1 代约需 45 ～ 54 d。第 1 代的部分幼虫有滞育现象，这部分个体 1 年仅完成 1 代。一般 1 年可完成 2 个世代，有的还能发育到第 3 代，但该代幼虫能否安全越冬尚不清楚。

老熟幼虫在开裂的老树皮下，断树的裂缝，树干的分枝处，树干或树根附近的树洞里，支撑树干的支柱，以及其他有缝隙的地方吐丝做茧越冬。新疆地区越冬幼虫最早于第 2 年 3 月末开始化蛹，至 6 月下旬结束。成虫一般于 4 月下旬至 5 月上旬开始羽化。在伊宁越冬代成虫羽化盛期在 5 月下旬，第 1 代在 7 月中旬。

成虫羽化后 1 ～ 2 d 进行交尾产卵。交尾绝大多数在下午黄昏以前，个别在清晨进行。卵多产在叶片的正面和背面，部分也可产在果实和枝条上，尤以上层的叶片和果实着卵量最多，中层次之，下层最少。卵在果实上则以果面为主，也有部分产在萼洼及果柄上。在方位上，卵多产在阳面上，故生长稀疏或树冠四周空旷的果树上产卵较多；树龄 30 年的较 15 ～ 20 年的树上卵量多。第 1 代卵产在晚熟品种上的果实。雌蛾一生产卵少则 1 ～ 3 粒，多则 84 ～ 141 粒，平均 32.6 ～ 43 粒。成虫寿命最短 1 ～ 2 d，最长 10 ～ 13 d，平均 5 d 左右。

第 1 代卵期最短 5 ～ 7 d，最长 21 ～ 24 d，平均 9.1 ～ 16.5 d；第 2 代最短 5 ～ 6 d，最长 10 d，平均 8 d。刚孵化的幼虫，先在果面上四处爬行，寻找适当蛀入处所蛀入果内。蛀入时不吞食果皮碎屑，而将其排出蛀孔外。在香梨上多数从萼洼处蛀入，在杏果上则多数从梗洼处蛀入。幼虫能蛀入果心，并食害种子。幼虫在苹果和红花内蛀食所排出的粪便和碎屑呈褐色，堆积于蛀孔外。由于虫粪缠以虫丝，危害严重时常见其串挂在果实上。

幼虫从孵化开始至老熟脱果为止，完成幼虫期所需的天数，最短 25.5 ～ 28.6 d，最长 30.2 ～ 31.2 d，平均 28.2 ～ 30.1 d。非越冬的当年老熟幼虫，脱离果实后爬至树皮下，或从地上的落果中爬上树干的裂缝处和树洞里作茧化蛹。在光滑的树干下，幼虫则可化蛹于地面上其他植物残体或土缝中。此外，幼虫也能在果实内、果品运输包装箱及贮藏室等处作茧化蛹。越冬代蛹期 12 ～ 36 d，第 1 代蛹期 9 ～ 19 d；第 2 代 13 ～ 17 d，平均 15.7 d。

4．分布与为害

分布：中国，甘肃省、新疆维吾尔自治区；国外，印度、朝鲜、哈萨克斯坦、吉尔吉斯斯坦、塔吉克斯坦、乌兹别克斯坦、土库曼斯坦、格鲁吉亚。

为害：苹果蠹蛾原产于欧亚大陆南部，属古北、新北、新热带、澳洲、非洲区系共有种。现已广泛分布于世界 6 大洲几乎所有的苹果产区，是世界上仁果类果树的毁灭性蛀果害虫。该虫以幼虫蛀食苹果、梨、杏等的果实，造成大量虫害果，并导致果实成熟前脱落和腐烂，蛀果率普遍在 50% 以上，严重的可达 70% ~ 100%，严重影响了国内外水果的生产和销售。

图 6.20　苹果蠹蛾的为害

5. 传播途径

苹果蠹蛾为小蛾类害虫，在田间最大飞行距离只有 500 m 左右，自身扩散能力较差，主要以幼虫随果品、果制品、包装物及运输工具远距离传播。

6．检疫方法

加强检疫工作，从产地检疫、调运检疫、市场检疫等多方面、多角度对苹果蠹蛾进行封锁控制。重发区以调运检疫为重点；轻发区以调运检疫、产地检疫并重；零星发生区以产地检疫为重点，适当采取铲除、烧毁等检疫措施；未发生区以调运检疫、市场检疫相结合。具体措施包括：加强对植物产品调运的检查，禁止疫情发生区内果品及相关植物产品的调入和调出，同时通过检疫证书等文件追查疫情的来源与去向；加强对当地水果市场或集散地的检查力度，集中处理水果集散地上所有的废弃果实。

7．检疫处理及防治

（1）清洁果园，加强管理，及时摘除树上的虫蛀果和收集地面上的落果，清理下来的虫蛀果应集中堆放并进行深埋。同时，及时清除果园中的废弃纸箱、废木堆、废弃化肥袋、杂草、灌木丛等所有可能为苹果蠹蛾提供越夏越冬场所的材料和设施。

（2）刮老翘皮，清除虫源在冬季果树休眠期及早春发芽之前，刮除果树主干和主枝上的粗皮、翘皮，以消灭越冬虫体。刮树皮时，要在地面上放置铺垫物，将被刮除的树皮和越冬害虫全面收集，然后集中烧毁或深埋。刮完树皮后，可用波美5度的石硫合剂涂刷果树主干和主枝，或用生石灰、石硫合剂、食盐、黏土和水，按10∶2∶2∶2∶40的比例混合，再加少量氨戊菊酯制成的涂白剂涂刷果树主干和主枝。

（3）束草、布环，诱集幼虫人工营造苹果蠹蛾化蛹和越夏、越冬的场所，诱集老熟幼虫。每年6月中旬，用胡麻草或粗麻布在果树的主干及主要分枝处绑缚宽 15～20 cm 的草、布环，诱集苹果蠹蛾老熟幼虫，然后于果实采收之后取下草、布环集中烧毁，杀死老熟幼虫。防治时，还可于 6 月下旬至 7 月上旬在草、布环上喷高浓度杀虫药剂，防治效果会更好。

（4）果实套袋，阻止蛀果在苹果蠹蛾越冬代成虫的产卵盛期前，将果实套袋阻止该虫蛀果为害。进行果实套袋的果树，要精细修剪、适量留花留果。套袋前要将整捆果实袋放于潮湿处，使之返潮柔韧，以便使用。套袋时，先撑开袋口，托起袋底，使两底角通气、放水口张开，使袋体膨起，然后手执袋口下 2～3 cm 处，套住果实后，从中间向两侧依次按折扇方式折叠袋口，于丝口上方从连接点处撕开，将捆扎丝沿袋口扎紧即可。

（5）高接换优，停产休园对于危害严重且果实品质较差的果园，可对全园果树实行一次性高接换优，并连续两年内不让果树结果，以阻断苹果蠹蛾生长发育环境，有效防治苹果蠹蛾，提升果品质量。

（6）休园。对于发生地区相对隔离，且发生面积较小地区，在充分考虑其对防治效果、防治投入以及经济效益带来的影响的前提下，建议在次年春季对发生地区的果园进行疏花、疏果，降低或停止该年的水果生产。

（7）诱集幼虫。于每年 8 月中旬开始，用宽 15～20 cm 的瓦楞纸或粗麻布绑缚果树所有主干部分及主要分枝，以此法诱集苹果蠹蛾越冬代老熟幼虫。10 月份果实采收之后结合冬前田间管理，取下绑缚材料进行销毁。如缺少上述绑缚材料，亦可用焦油纸、皱纹纸或草束等替代材料。此外，在果实入窖时应严格挑选，防止幼虫随蛀果越冬。也可于成虫期在果树上悬挂卫生球，影响成虫交尾产卵，减少种群数量。

（8）迷向丝防治。利用成虫交配需要释放信息素寻找配偶的生物习性。利用高浓度长时间的信息素干扰，使雄虫无法找到雌虫，达到无法交配产卵以保护果园的目的。近年随着技术改进和完善已经有相对完善的产品。国内市场主要的厂家有深圳百乐宝、中捷四方、宁波纽康、英格尔等。这种技术使用简单方便，同时减少农药甚至不需使用农药，符合食品安全的发展，同时将苹果蠹蛾的危害控制在相应地区，保护其他地区。

使用方法及用法：以深圳百乐宝产的迷向丝为例，一年只需使用一次，亩用量 33 根左右。持续时间 6 月以上，这样一个生长季只使用一次。

（9）信息素诱杀。在苹果蠹蛾成虫期，利用性信息素诱杀雄性成虫。诱捕器的设置密度一般为 2 ～ 4 个 / 亩；发生较重的地方，可增加设置诱捕器的数量。诱捕器内若使用黏虫板，应注意黏虫胶的黏性，以便及时更换黏虫胶；若使用敌敌畏棉球，应每 3 ～ 5 d 换一次，以保证薰杀效果。

（10）可使用的药剂有 3% 高渗苯氧威 2000 ～ 3000 倍液、25% 阿维灭幼脲 2000 ～ 3000 倍液、胺甲萘（甲萘威、西维因）、虫酰肼（米满、抑虫肼）、氯菊酯（二氯苯醚菊酯）、除虫精、克死命、二嗪磷、亚胺硫磷、硫丹、毒死蜱（氯蜱硫磷）、灭杀菊酯、水胺硫磷、辛硫磷等。应多选择无公害药剂，同时应根据苹果蠹蛾的发生规律和不同农药的残效期选用药剂，此外，还可选用不同类型、不同作用机理的农药搭配使用。

（11）化学防治的时间每个世代的卵孵化至初龄幼虫蛀果之前。鉴于第 1 世代幼虫的发生相对比较整齐，可将第 1 世代幼虫作为化防的重点。

（12）施药方法在每年世代幼虫出现高峰期时集中喷药至少 1 次。若喷施毒性小、残效期短的农药，可连续喷施 2～3 次。不同杀虫剂的具体施用量、施用方法和药效残存期参见附表 3。化学防治时应尽量在同一生态区统一组织群众进行联合防治。

（13）物理防治主要采用频振式杀虫灯诱杀成虫，降低虫口密度进行防治。据试验、示范，杀虫灯以河南汤阴佳多牌频振式杀虫灯效果较好。挂灯时间为每年的 4 月下旬至 9 月下旬，杀虫灯的设置密度为 15～20 亩 /1 盏，成棋盘式或闭环式分布。杀虫灯的安放高度以高出果树的树冠为宜。

（二）美国白蛾

1. 分类学地位

美国白蛾 [*Hyphantria cunea*（Drury）]，又名美国灯蛾、秋幕毛虫、秋幕蛾。鳞翅目（Lepidoptera），灯蛾科（Arctiinae），白蛾属（Hyphantria）。

2. 形态特征

成虫：白色中型蛾子，体长 13～15 mm。复眼黑褐色，口器短而纤细；胸部背面密布白色绒毛，多数个体腹部白色，无斑点，少数个体腹部黄色，上有黑点。雄成虫触角黑色，栉齿状；翅展

23 ～ 34 mm，前翅散生黑褐色小斑点。雌成虫触角褐色，锯齿状；翅展 33 ～ 44 mm，前翅纯白色，后翅通常为纯白色。

卵：圆球形，直径约 0.5 mm，初产卵浅黄绿色或浅绿色，后变灰绿色，孵化前变灰褐色，有较强的光泽，卵单层排列成块，覆盖白色鳞毛。

幼虫：老熟幼虫体长 28 ～ 35 mm，头黑，具光泽。体黄绿色至灰黑色，背线、气门上线、气门下线浅黄色。背部毛瘤黑色，体侧毛瘤多为橙黄色，毛瘤上着生白色长毛丛。腹足外侧黑色。气门白色，椭圆形，具黑边。根据幼虫的形态，可分为黑头型和红头型两型，其在低龄时就明显可以分辨。三龄后，从体色，色斑，毛瘤及其上的刚毛颜色上更易区别。

蛹：体长 8 ～ 15 mm，宽 3 ～ 5 mm，暗红褐色。雄蛹瘦小，雌蛹肥大，蛹外被有黄褐色薄丝质茧，茧丝混杂着幼虫的体毛共同形成网状物。腹部各节除节间外，布满凹陷刻点，臀刺 8 ～ 17 根，每根钩刺的末端呈喇叭口状，中凹陷。

3．生物学特性

2 代 / 年，以蛹在树皮、农作物、建筑物缝隙中越冬。该幼虫发育速度、成虫羽化率、雌蛾产卵率与寄主植物种类有密切关系。在喜食寄主上幼虫发育速度较快，成虫羽化率高，产卵量大。

4．分布与为害

分布：美洲，美国、加拿大、墨西哥；欧洲，俄罗斯、波兰、斯洛伐克、匈牙利、奥地利、法国、意大利、塞尔维亚、罗马尼亚、希腊；亚洲，朝鲜半岛、日本、中国（辽宁、山东、陕西）。

图 6.21 美国白蛾成虫和幼虫

图 6.22　美国白蛾蛹和卵

为害：果树类，主要有苹果、山楂、李、桃、核桃，其次是梨，樱桃、杏、葡萄等；林木类，主要有白蜡槭、桑、梧桐等，其次是杨、柳、榆、柞、刺槐、丁香、五叶枫等；粮食作物，玉米、大豆、棉花；经济作物，烟草；蔬菜，白菜、萝卜、甘薯、甘蓝；花卉和杂草等。松、柏等针叶树不受害。

5．传播途径

各虫态均可传播，主要以幼虫和蛹随寄主植物、农林产品、运输工具、包装物、铺垫物、集装箱等进行远距离传播。

6．检疫方法

成立由地方主要领导参加的美国白蛾防治领导小组，以杜绝美国白蛾扩散。采用黑光灯进行监测。

7．检疫处理和防治

（1）对进口的寄主植物、包装物、集装箱和运输工具要严格检验。发现虫情，寄主植物可用溴甲烷熏蒸，植物性包装物用 85℃ 蒸汽处理 1 h。

（2）在幼虫 4 龄前剪除网幕，集中销毁。幼虫老熟时，树干束草诱集化蛹集中消灭。

（3）幼虫 4 龄前可用胃毒剂、触杀剂和灭幼脲等药剂喷布树冠，杀灭幼虫。

（4）我国已发现 20 多种可利用的天敌。在非养蚕区利用青虫菌和杀螟杆菌防治以利于保护天敌，在养蚕区利用美国白蛾核型、质型多角体、颗粒体病毒防治。

（5）在成虫发生期点黑光灯诱杀。

（三）石榴小灰蝶

1. 分类学地位

石榴小灰蝶（*Virachola isocrates*），别称黄星小灰蝶，鳞翅目（Lepidoptera），锤角亚目（Rhopalocera），小灰蝶科（Lycaenidae）。

2. 形态特征

成虫：前翅中室端具有淡黄色斑，翅反面雄雌斑一致，底色淡灰褐色，前后翅具有明显的中室端带和亚外缘带。后翅臀区具有橙黄色的眼状斑；雄性外生殖器：骨化强，爪形突退化，侧突发达，鄂形突长，肘状；阳茎基环缺失，囊形突短宽，抱器瓣狭长；基半部愈合。阴茎细长，端鞘比基鞘稍长，阳茎端膜有 2 个阳茎针，一为针状，一为锯齿状；雌性外生殖器，前生殖突较短，后生殖突细长；前、后阴片不发达；导囊管较短，下半部骨化；交配囊椭球形，上部一侧骨化，具个短锥状的椭圆形囊突。

卵：亮白色，椭圆形，表面有呈同心圆的细小突起。

幼虫：浅褐色，老熟时长 17～20 mm，黑褐色，体上有短毛。第七、第八期节背面有白斑。

蛹：刚形成的蛹为粉白色，随后体色逐步加深，成熟的蛹为黑褐色，蛹短毛。

图 6.23　石榴小灰蝶成虫

3. 生物学特性

石榴小灰蝶主要以幼虫取食果实。雌蝴蝶将卵单产于花萼或幼果下，也可能产在茎、叶上，单产或 2 ~ 7 粒卵成团。几天后卵孵化成幼虫，其幼虫蛀入果实以度过不同的成长阶段，取食果皮下的果肉和种子，30 ~ 50 日龄的果实受害最重，有的一个果肉内部幼虫多达八条，被害果容易受菌类感染、腐烂、脱落。长大的稍带黑棕色长毛的毛虫侵害成熟的果子，浅褐色的毛虫一般侵害幼嫩的果实，化蛹前，幼虫离果吐丝将果柄和树枝缚在一起以防果实脱落。在重新进入国内，蛹在所食果实的核内形成，也可能在果外化蛹。症状表现为臭气和粪便从虫洞排泄出来，排泄物附着在虫洞周围，卵和幼虫、蛹得历期分别为 7 ~ 10 d、18 ~ 47 d、7 ~ 34 d，每年可发生重叠的四代。

周年繁殖。

4．分布与为害

分布：其主要分布于锡兰和印度北揸邦。

为害：具有广泛的寄主植物，包括李子、桃子、荔枝、番石榴等，石榴是其首要危害植物，50% 的果实受到石榴小灰蝶的危害。印度发生的虫害的高峰期是在 8 月有季风的季节，为害冬季作物更多是在 11 月和 12 月。而炎热多雨的季节更容易发生虫害。其幼虫挖洞进入水果果实以度过不同的成长阶段。长大的稍带黑棕色长毛的毛虫侵害成熟的果子，浅褐色的毛虫一般侵害幼嫩的果实。

5．传播途径

以卵、幼虫和成虫进行远距离传播。

6．检疫方法

对石榴小灰蝶的寄主进行检查，注意检查是否有蛀孔及粪便，花与果实部位是重点检查对象，发现虫孔时，可用小刀等工具进行解剖检查是否有幼虫或蛹。注意检查集装箱或材料缝隙处是否有老熟幼虫与蛹。

7．检疫处理及防治方法

以农业防治为主，加强肥水管理，增强树势，提高抵抗力，科学修剪，将病残枝剪除，提高通风性和透光性，保持果园适当的温度，结合修剪，清理果园，减少虫源。清除地面落果。冬春季将树干涂白，以杀死部分越冬虫蛹。检查幼果，摘除虫果。

（四）小蔗螟

1．分类学地位

小蔗螟［*Diatraea saccharalis*（Fabricius）］，鳞翅目（Lepidoptera），螟蛾科（Pyralidae），草螟亚科（Crambiinae）。

2．形态特征

成虫：体长中等，翅展 18 ～ 39 mm，额突出，有时为淡黄色，颜面圆形，没有瘤或角质的尖。前翅稻草黄色和黄褐色，各有 2 条斜纹，2 条斜纹比较清晰，由一排 8 个小的斑点组成，在 2 条斜纹上方各有 1 个黑色圆点。翅脉棕色，较明显，第 4、5 翅脉在末端几乎合并，第 10 翅脉紧靠第 8 ～ 9 翅脉。前翅的亚端线几乎是连续和不规则的波浪形，中线是分离的点或短的条纹。后翅丝白色至灰白色。雌虫较小。成虫在大小和颜色上变化较大。

卵：无明显特征。

幼虫：在冬季和夏季其外部特征变化较大。

夏季型：体长一般平均为 25.6 mm，头深褐色，口器部分黑色。前胸背板淡褐色，腹面黑色。头部第三盾片透明。虫体白色，分节明显。趾钩双序。瘤突淡褐色或苍白色，第 4、5 瘤突合并。腹部第 2 瘤突卵形，与第 1 瘤突相隔约 2 个瘤突的距离。原生刚毛的颜色呈黄色至褐色，无后生刚毛。气门黑褐色，长卵形。幼虫体表色斑颜色较深。

冬季型体长一般平均为 22.4 mm，头黄色至深褐色，口器部分黑色，前胸背板黄色，虫体白色，分节清楚，趾钩双序。瘤突白色或淡黄色，不易与虫体颜色区分。第 4、5 瘤突合并，腹部第 2 瘤突卵形，与第1瘤突间隔2个瘤突的距离。原生刚毛黄色至褐色，无后生刚毛。气门黑褐色，长卵形，在休眠的虫体上非常明显。

　　蛹：老熟幼虫在茎秆内化蛹，蛹米黄色。

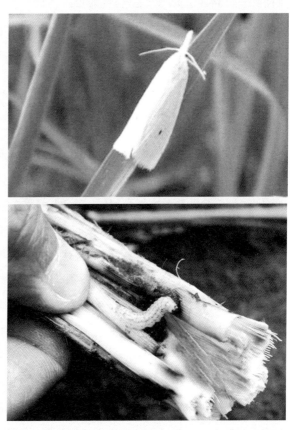

图 6.24　小蔗螟成虫和幼虫

3．生物学特性

此害虫在亚热带地区一般 1 年发生 4～5 代，在热带地区 1 年可发生 7 代。成虫白天一般群集在叶片下面或作物周围的杂草里，夜间进行飞翔活动，且趋光性很强。小蔗螟对光线的反应非常敏感。雄虫飞翔有一个高峰，大约在 22 点；雌虫的飞翔有两个高峰，一个大约在 23 点，另一个大约在凌晨 4 点。

雌虫一般天黑后产卵，产卵高峰多在晚上 8 点至午夜之间。卵一般被产在叶片表面，且经常靠近中脉附近。卵期为 4～9 d。初孵幼虫开始时在叶片表皮上取食，一个星期后，幼虫在叶鞘与茎秆之间活动，随后幼虫则咬破茎秆外壁进入茎秆，蛀食植株内部组织并在茎秆内部完成发育并化蛹。幼虫大多数为 6 个龄期。低温和短日照可诱发老熟幼虫滞育，这种滞育为兼性滞育。幼虫期和蛹期大约分别需要 20～30 d 和 6～7 d。从卵到成虫的整个生活周期大约需要 35～50 d。

入秋后，小蔗螟的幼虫在茎秆内蛀食的隧道中准备越冬。在甘蔗田里，特别易在收获后剩下的甘蔗断秆残渣和留种用的宿根中越冬。在稻田和玉米田中，这种害虫可在水稻和玉米的茎秆和残梗中越冬。玉米上越冬虫口的大小与玉米成熟的早晚成正比。在杂草中也发现过越冬的幼虫。发生地区的气温和日照情况对小蔗螟的越冬时间起着决定性的作用，越冬场所的环境和冬季的天气影响着越冬后的虫口数量。冬季地表植株残留部分中越冬幼虫的死亡率要比地表下的蔗茬和宿根内的高。而在越冬期间或越冬后幼虫开始活动期间内遇有低温或大雨天气都会降低其虫口数量。总的看来，小蔗螟喜欢高温环境，是热带和亚热带地区的一种害虫。

4．分布与为害

分布：美国（密西西比、佛罗里达、路易斯安娜、得克萨斯）、墨西哥、危地马拉、洪都拉斯、萨尔瓦多、格林纳达、安提瓜、巴巴多斯、古巴、多米尼加、巴拿马、背风群岛、瓜德罗普（岛）、马提尼克（岛）、圣卢西亚（岛）、圣文森特（岛）、海地、牙买加、波多黎各、特立尼达、维尔京群岛、阿根廷、玻利维亚、巴西、秘鲁、圭亚那、哥伦比亚、厄瓜多尔、巴拉圭、乌拉圭、委内瑞拉。

为害：从苗期一直到收获前都可危害。危害的虫态为幼虫期。在植株的苗期幼虫侵入植株的生长点，危害心叶，造成"死心"苗。在植株生长中后期，幼虫则钻入植株茎秆内部蛀食植株的内部组织，受害严重的植株有时只剩下了植株的纤维组织。由于这种害虫可以以上述两种方式进行危害，所以使得植株的正常生长受到了抑制，影响了植株的正常生长和茎秆的伸长，从而导致了植株矮小。幼虫钻蛀后的孔道又成为病原菌感染植株的通道，使植株易于感病。同时又由于幼虫危害造成的机械损伤，植株在遇到大风天气时，会导致植株风折。所以，总的来说，受到危害的植株一般早熟、重量较轻，造成减产。对甘蔗来说，植株受害后，糖分的含量和质量都会受到影响。在美国，估计每年损失甘蔗 4%～30%。

5．传播途径

传播途径，随寄主的茎秆、杂草、甘蔗的繁殖和包装材料作远距离传播。

6．检疫方法

对该虫的寄主甘蔗、玉米、高粱、杂草茎秆及使用这些植物做包装的材料进行仔细检查。对可能携带该害虫的寄主（甘蔗、水稻、玉米、高粱、杂草，特别是茎秆），使用这些寄主作包装材料的物品应仔细检查。

7．检疫处理及防治

（1）不从疫区调入甘蔗繁殖材料或进口甘蔗。

（2）必须调入的种茎，应及时处理，在50℃的水中浸泡20分钟。

（3）对于包装、铺垫用的材料应及时烧毁。

（4）其他防治方法：可采用农业防治，设立黑光灯，诱杀成虫；及时清除和烧毁斩茎后的枯叶、残茎和不留作宿根用的蔗头；翻耕清理大田（玉米、水稻和高粱田）；在50℃水中浸泡20分钟处理甘蔗宿根；注意选择无虫口的健壮蔗茎作种。也可于苗期发生枯心时，将枯心割除，有利于清除幼虫；配合害虫发生期，适时剥除枯叶鞘，一方面可以直接消灭产在叶片上的卵，另一方面改变幼虫的侵入环境，减少螟害节。还可采取生物防治的方法，释放天敌也收到较好的效果。化学防治可抓住防治时机，在植物生长中后期施用，世界上用得较多的杀虫剂是杀虫脒、杀螟丹、杀螟松等，药效较好。

三、双翅目害虫

双翅目（*Diptera*）是节肢动物门（*Arthropoda*）、六足亚门

（*Mandibulata*）、昆虫纲（*Insecta*）、有翅亚纲（*Pterygota*）中的 1 目，是昆虫纲中仅次于鞘翅目、鳞翅目、膜翅目的第四大目。世界已知 85000 种，全球分布。中国已知 4000 余种。除了在南极洲之外，在全世界都很普遍。其中某些种类是传播疾病给人或其他动植物的媒介。

（一）地中海实蝇

1. 分类学地位

地中海实蝇［*Ceratitis capitata*（Wiedemann）］，双翅目（Diptera）、实蝇科（Tephritidae）、蜡实蝇属（Ceratitis）。

2. 形态特征

成虫：体长 4～5 mm，翅长 4.5 mm。体和翅上有特殊颜色：头顶黄色略具光泽，额黄色，雄虫具有奇异的银灰色匙形额附器。胸部背面黑色有光泽，镶以黄白色斑纹。翅透明，短而宽，有黄色、褐色和黑色的斑点，并有断续的带纹；中部带纹延伸到前缘和后缘，外侧的带纹仅延伸到翅的外缘而不及前缘，翅的前缘和基部为深灰色。雄虫前足腿节上侧的毛黑色，雌虫的为黄色。腹部橙红色，有 2 条红褐色带纹。雌虫产卵器较短而扁平，伸长时可达 1.2 mm。卵白色到淡黄色，有光泽，纺锤形，略弯曲，两端尖。长 0.9～1.1 mm，宽 0.2～0.25 mm。

幼虫：体细长，前部圆锥形，后部近圆柱形，长 6.8～8.2 mm，宽 1.5～2 mm。体色乳白，有时淡红。前气门有 10～12 个乳突。蛹黄色或黑褐色，长椭圆形，长 4～4.3 mm，宽 2.1～2.4 mm。在较寒冷的地区，以蛹或成虫越冬。在常年有果实的温暖地区，可终年活动。发育起点为 12.4℃，整个 1 代发育积温为 399 日度。

图 6.25　地中海实蝇成虫

3．生物学特性

产卵前期的长短主要受温度的影响，温度在 15 ～ 16℃以下时成虫不产卵。成虫开始交尾时间：夏季一般在羽化后 3 ～ 13 d，秋季在羽化后 6 ～ 26 d。雌虫产卵时将产卵器刺进果皮，开一空腔，产卵于其中。每次产卵 3 ～ 9 粒。在甜橙或其他柑橘类青果上，产卵孔周围常呈现黄斑；在枇杷上，产卵孔周围常保持绿色。在良好条件下，每雌虫可产卵 500 粒，在不利条件下，只有 100 粒左右。

4．分布及为害

分布：亚洲，印度、伊朗、叙利亚、黎巴嫩、以色列；欧洲，俄罗斯、匈牙利、德国、瑞士、荷兰；非洲，埃及、阿尔及利亚、尼日尔、苏丹；美洲，美国、墨西哥、巴拿马、巴西、阿根廷；大洋州，澳大利亚、新西兰、马里亚纳群岛。

为害：主要危害对象有柑橘类、枇杷、樱桃、杏、桃、李、梨、苹果、无花果、柿、番石榴、咖啡等。已记录寄主达350余种，几乎包括所有的水果、坚果和蔬菜。

5．传播途径

随各类果品、蔬菜等农产品及包装、苗木、带根植物、土壤（卵或幼虫或成虫）等通过交通工具远距离传播；成虫也可顺风短距离飞行扩散。

6．检疫

（1）禁止从疫区进口水果、番茄、茄子和辣椒等。须进口的办特许审批并认真做好进口检疫。进境旅客不得携带水果和蔬菜入境，如发现立即处理。

（2）发现有此虫的果实可用下列办法处理：① 低温处理（<0℃，10 d；<0.6℃，11 d；<1.0℃，12 d）；② 熏蒸处理（溴甲烷，16～21℃，12～16 g/m³，2 h）；③ 蒸汽处理（43℃蒸汽处理12～16 h，幼虫和卵）；④ 浸泡处理（49.5℃热水浸泡70 min，幼虫和卵）。

7．防治

（1）利用性引诱剂诱杀雄蝇。

（2）在寄主植物上喷布引诱剂诱饵——水解蛋白（酵母蛋白），杀死入土幼虫和羽化出土的成虫。

（3）避免各种果树混栽，清除野生寄主，清洁果园。

（4）用射线或化学不育剂处理雄蛹。

（5）土壤处理，用50%倍硫磷乳油处理寄主附近土壤，杀死脱果入土的幼虫。

（二）橘小实蝇

1. 分类学地位

橘小实蝇 ［*Bactrocera dorsalis*（Hendel）］，双翅目（Diptera），实蝇科（Tephritidae），蜡实蝇属（Ceratitis）。

2. 形态特征

成虫：一般成虫体长 7～8 mm，翅透明，翅脉黄褐色，具三角形翅痣。全体深黑色和黄色相间。胸部背面大部分黑色，但黄色的"U"字形斑纹十分明显。额上有 3 对褐色侧纹和 1 个在中央的褐色圆纹；胸部鬃序：肩鬃 2，背侧鬃 2，中侧鬃 1，前翅上鬃 1，后翅上鬃 2，小盾前鬃 1，小盾鬃 1；翅透明，前缘及臀室有褐色带纹；足黄褐色，中足胫节端部有红棕色距。腹部黄色，第 1、2 节背面各有一条黑色横带，从第 3 节开始中央有一条黑色的纵带直抵腹端，构成一个明显的"T"字形斑纹。雌虫产卵管发达，由 3 节组成。

卵：梭形，长约 1 mm，宽约 0.1 mm，乳白色。

幼虫：蛆形，类型无头无足型，老熟时体长约 10 mm，黄白色。

蛹：围蛹，长约 5 mm，全身黄褐色。

3. 生物学特性

中国内地（3～5 代），台湾（7～8 代）；无明显的冬眠现象，世代不整齐；广东 7～8 月间发生较多，危害洋桃和柑橘等。

图 6.26　橘小实蝇成虫

4. 分布及为害

分布：亚洲，日本（九州和琉球群岛）、缅甸、斯里兰卡、印度、印度尼西亚、马来西亚、巴基斯坦、菲律宾、孟加拉国、新加坡、泰国、中国（台湾、海南、广东、广西、福建、四川、云南、台湾、香港）；美洲，美国；大洋州，澳大利亚；

为害：食性复杂，对多种水果和蔬菜具有很大威胁。20 世纪 40 年代末期，在夏威夷连年发生，柑橘类果品几乎百分之百受害。主要寄主植物包括 250 多种水果和蔬菜，如柑橘、橙、柚、芒果、番石榴、杏、桃、柠檬、橄榄、柿、西瓜、樱桃、香蕉、葡萄和茄科蔬菜等。

5. 传播途径

（1）卵和幼虫通过受害果品和蔬菜随国际国内贸易、交通运输、旅游等人类活动远距离传播、扩散。

（2）蛹随水果包装物传播。

6．检疫方法

产地检测、调运检测等检疫方法。检测范围：寄主植物产品的盛装、贮藏、运输器及存放处，包括瓜果打蜡加工厂、瓜果批发市场、临时集散地等。

7．检疫处理和防治

（1）从为害区调运柑橘类水果必须经植检机构严格检查。一旦发现须经有效处理后方可调运。

（2）根据果实被害状，及时采摘虫果和捡拾落果，并深埋、焚烧、水浸或水烫。

（3）成虫交配产卵盛期，用化学药剂喷布树冠。

（4）利用释放不育雄虫和诱杀雄虫。

（三）苹果实蝇

1．分类学地位

苹果实蝇［*Rhagoletis pomomella*（Walsh.）］，双翅目（Diptera），实蝇科（Tephritidae），蜡实蝇属（Ceratitis）。

2．形态特征

成虫：体长 5 mm 左右，黑色，有光泽，头部背面浅褐色，腹面柠檬黄色。中间背板侧缘从肩胛至翅基有黄白色条纹，背板中部有灰色纵纹 4 条。腹部黑色，有白色带纹，雌虫 4 条，雄虫 3 条。翅透明，有 4 条明显的黑色斜形带，第 1 条在右缘和第 2 条合并，而第 2 至第 4 条又在翅的前缘中部合并，因而在翅的中部没有横贯全翅的透明区。

　　卵：白色，长 1 mm 左右，长椭圆形，前端具刻纹。

　　幼虫：老熟幼虫近白色，体长 7 ～ 8 mm，蛆形。前气门前缘有指突 17 ～ 32 个，排成不规则的 2 至 3 列。在末节后气门腹侧部分，有 1 对明显的间突。

　　蛹：体长 4 ～ 5 mm，宽 1.5 ～ 2 mm，褐色，残留幼虫期的前气门和后气门痕迹。在前端前气门之下有 1 条线缝向后延伸至第 1 腹节，与该节环形线缝相接，从后胸至腹末各节两侧都有 1 小节，共 9 对。

图 6.27　苹果实蝇成虫

3．生物学特性

　　一般一年发生一代。在美国南部可发生局部第 2 代。少数个体以蛹度过两个冬天，使蛹期延长。卵单产，主要产于苹果等果实内，孵化后即在果实内取食。青幼果内幼虫发育缓慢，通常在果实脱落后，幼虫才能完成发育。果实落地后，幼虫方迅速生长成熟，离开果实，钻入地下 5～7 cm 深处化蛹，以蛹在土中越冬。

4．分布及为害

分布：美国（东北）、加拿大（东南部）、墨西哥（中部高原地带）、中国（台湾）。

为害：在北美造成的危害仅次于苹果蠹蛾。主要寄主包括苹果、李、山楂、梨、樱桃、乌饭树（紫黑浆果）、山荆子、欧洲酸樱桃、欧洲甜樱桃、杏、窄叶李、伞花李、疏果唐棣、越橘、野苹果、黑果、洋梨、玫瑰。

5．传播途径

卵和幼虫随寄主果实远距离传播，脱果幼虫也可随包装物及运输工具传播。

6．检疫方法

用诱捕的方法在港口和机场进行监测，即使用内掺 50% 乙酸铵溶液的人工苹果进行诱捕。对来自疫区的水果，检查包装箱内有无脱果幼虫与蛹，将带有被害症状（如产卵白斑、变形和腐烂）的果实切开检查有无幼虫。对来自疫区的苗木，尤其是苹果、山楂等，对其根部所带土壤也应严格检查是否带蛹，幼虫和蛹都应饲养到成虫鉴定。

7．检疫处理和防治

（1）严格检疫，防止人为传入。

（2）及时清除落果，集中深埋或烧毁。

（3）抓住羽化后至产卵初期喷洒 50% 乐果乳油 1000 倍液或 75% 灭蝇胺（潜克）可湿性粉剂 5000 倍液。

（4）提倡苹果实蝇产卵前，套袋防虫。

（四）柑橘大实蝇

1．分类学地位

柑橘大实蝇［*Bactrocera minax*（Enderlein）］，双翅目（Diptera），实蝇科（Tephritidae），蜡实蝇属（Ceratitis）。

2．形态特征

成虫：体长 10～13 mm，翅展约 21 mm，全体呈淡黄褐色。复眼金绿色。胸部背面具 6 对鬃，中央有深茶色的倒"Y"形斑纹，两旁各有一条宽直斑纹。中胸背面中央有一条黑色纵纹，从基部直达腹端，腹部第 3 节近前缘有一条较宽的黑色横纹，纵横纹相交成"十"字形。雌虫产卵管圆锥形，长约 6.5 mm，由 3 节组成。

卵：长 1.2～1.5 mm，长椭圆形，一端稍尖，两端较透明，中部微弯，呈乳白色。

幼虫：老熟幼虫体长 15～19 mm，乳白色圆锥形，前端尖细，后端粗壮。口钩黑色，常缩入前胸内。前气门扇形，上有乳状突起 30 多个；后气门片新月形，上有 3 个长椭圆形气孔，周围有扁平毛群 4 丛。

蛹：长约 9 mm，宽 4 mm，椭圆形，金黄色，鲜明，羽化前转变为黄褐色，幼虫时期的前气门乳状突起仍清晰可见。

图 6.28　橘柑大实蝇成虫

3．生物学特性

每年发生 1 代，以蛹在土壤中越冬。在中国四川监测到柑橘大实蝇 3 龄幼虫以前均在果实内为害且抗寒能力较强，如：在室内 0℃ 时 多数成活 20 d（少数 29 d），3℃以上 死亡率 3～5%（97% 以上化蛹）。蛹为滞育虫态，抵抗力比幼虫弱，成虫羽化 1 周内不取食，20 d 后才飞到果园交配，再半个月后开始产卵。

4．分布及危害

分布：首先发现于我国四川江津；湖北、湖南、贵州、云南、广西和陕西省；国外尚未见有分布的报道。

危害：四川江津县 1984 年果实瓢瓣和种子被害率如下，甜橙瓢瓣 55.95%，红桔 41.43%，8.01 头 / 果；甜橙种子 58.37%，红桔 56.52%，5.07 头 / 果。寄主植物范围仅限于柑橘类。喜食甜橙、金橘、红橘和柚子，也为害柠檬、酸橙、佛手、香橼、温州蜜橘等。

5．传播途径

卵和幼虫随被害果的运输，越冬蛹可随带土苗木及包装物进行远距离传播。

6．检疫方法

柑橘大实蝇的幼虫可随果实的运销而传播，越冬蛹也可随带土苗木传播。因此严禁从疫区调运带虫的果实、种子和带土的苗木。非调运不可时，应就地检疫，一旦发现虫果必须经有效处理后方可调运。检疫处理可用 70Gy 剂量的 60Co-γ 射线照射。蛹的死亡率可达100%，且对橘类果实的总糖、总酸、维生素 C 和固形物含量无明显影响。

7．检疫处理和防治

（1）来自疫区的寄主果实，要根据被害状况仔细检查。疫区调入的寄主苗木也要严格检验。

（2）冬春翻挖果园树盘，消灭入土虫蛹。

（3）药剂防治效果很好。

（4）用水解蛋白毒饵（配方：水解蛋白 4 份与马拉硫磷 1 份，加适量水均匀混合）在成虫发生期喷布，效果很好。

（5）采青果，消灭幼虫。

（五）美洲斑潜蝇

1．分类学地位

美洲斑潜蝇（*Liriomyza sativae* Blanchard），双翅目（Diptera），

潜蝇科（Muscidae），斑潜蝇属（Liriomyza）。

2．形态特征

成虫：头额区黄色，触角3节，黄色，胸部中胸背板黑亮，小盾片半圆形，黄色，两侧黑色，翅前缘脉加粗达中脉 M1+2 脉的末端，亚前缘脉末端变为一皱褶，并终止于前缘脉折断处，中室小，M3+4脉后端为中室长度的3倍，前足黄褐色，后足黑褐色。

图 6.29　美洲斑潜蝇成虫和蛹

3．生物学特性

美国南部（6～10代），广东中部（16～17代），田间世代重叠明显。夏季一代11～15 d，冬季低温时一代约60 d。成虫喜欢取食花蜜，对黄色有较强的趋性，豆类受害最重，其次是瓜类和番茄，叶菜类较轻。

4．分布及为害

分布：亚洲，阿曼、也门；美洲，巴西（原产地）、加拿大、墨西哥、美国、古巴、智利、哥伦比亚、哥斯达黎加；大洋洲，关岛、密克罗尼西亚、瓦努阿图；国内遍布大多数省、市、自治区。

　　为害：阿根廷紫苜蓿被害率 80%；美国瓜类幼苗被害绝收。该虫繁殖力强，时代历期短，幼虫活动隐蔽，寄主范围广，对我国蔬菜花卉生产具有极大的威胁。寄主植物范围包括 17 科 100 多种植物，如葫芦科、豆科、茄科、十字花科、菊科、碟形花科、锦葵科、西番连科、大戟科、车前科等。豇豆、菜豆、丝瓜、黄瓜、番茄、节瓜、西葫芦、菜心、白菜、棉花、蓖麻、菊花、烟草、绞股蓝、苍耳等植物受害严重。

图 6.30　美洲斑潜蝇危害

5．传播途径

　　卵和幼虫随寄主植物及其繁殖材料、带叶的瓜类、豆类及其作为铺垫物、填充物、包装物的叶片，蛹随盆栽植株、土壤、交通工具等远距离传播。

6．检疫

实施植物检疫措施，是对美洲斑潜蝇堵源、截流，防止扩展危害的有效措施。

（1）加强与兄弟省市间的联合检疫工作，特别是与云南、四川和广东三省的严格调运检疫，严禁该虫随蔬菜、花卉及铺垫材料调入我市。

（2）加强复查工作。

（3）严格实行产地检测，将此虫的发生危害控制在发生地。

7．检疫处理和防治

（1）加强产地检疫和调运检疫。来自疫区的瓜果、豆类及其他寄主必须实施检疫。

（2）农业防治，合理布局，受害重的作物和轻的作物进行套种或间种。收割后清除田间残留的寄主植株。

（3）药剂防治，低龄幼虫发生期选用高效低毒低残留的农药（爱福丁、杀虫单等）。

（4）生物防治，采用双雕姬小蜂等天敌昆虫防治。

（六）黑森瘿蚊

1．分类学地位

黑森瘿蚊［*Mayetiola destruotor*（Say）］，双翅目（Diptera），长角亚目（Nematocera），瘿蚊科（Cecidomyiinae）。

2．形态特征

成虫：体形如小蚊。雌虫体大约长 3 mm。触角黄褐色，由 17

节组成，长度超过体长的 1/3，具有直立短毛，基部两节较其他节粗两倍。胸部黑色，有灰色折光，背中区有 2 条稀疏的白毛。自颈侧沿胸部下方到翅基有一淡红色不规则条纹或斑纹。小盾片黑色，具有黑毛。腹部褐色，其他各节背板两侧各具有一大方形黑斑点。产卵管由 3 节组成，淡红色，末节端部为褐色。足淡红色。翅基部粉红色，被有黑色毛。雄虫体较雌虫短 1/3，约 2 mm。触角 17 节，长为体长的 2/3。下颚须 4 节，第 1 节为不规则圆锥形，第 2 节近四边形，第 3 节较细，比第 2 节长 1/3，第 4 节约为第 3 节长度的 2 倍。腹部近于黑色，末节淡粉红色，具有一对褐色抱器，生殖器官位于其中。生殖器结构有助于近缘种的鉴定。

卵：长圆柱形，长 0.4 mm 至 0.5 mm，长径约为宽径 6 倍。卵初产时透明，有红色斑点，后变为红褐色。卵产于叶面纵沟内，纵向排列，如果卵密集成对，状如小麦锈病斑点。

幼虫：体长约 4 mm，由 13 节组成，第 1 节为头部，2～4 节为胸部，其后 9 节为腹部。幼虫的主要鉴别特征是位于胸部第 1 节的胸骨片的形状。

蛹：为围蛹，栗褐色，外被伪茧，形似亚麻种子。雌蛹一般长 4 mm，不足 4 mm 的为雄虫。头部和胸部色深，额上有坚硬的锯齿。

图 6.31　黑森瘿蚊成虫和幼虫

3．生物学特性

1 年发生 2～5 代。欧洲一般 3 代，俄罗斯大部分地区仅 1 代。在我国新疆一年发生 2 代。以老熟幼虫在伪茧内越冬，有时在前茬根丛内过冬，也有在自生麦苗或野生禾本科植物上过冬。次年春天在伪茧内化蛹。第 1 代成虫在 4～5 月间出现。成虫寿命仅 5～7 d，夜间羽化，上午交尾，交配后 1 小时即可产卵，1～2 d 即可产完。飞翔力不强，但可随风吹到 2～3 英里外。喜在冬小麦或春小麦上产卵。产卵 50～500 粒。卵期 3～12 d。幼虫孵化时间多在每天 17：00～次日 8：00。幼虫孵化后钻入叶鞘内吸食汁液。幼虫爬行速度很慢，爬行 1 mm 需要 4 分半钟，从卵孵出后爬到取食部位需要 12～15 小时。幼虫经 2～4 周老熟，在叶鞘内化蛹。围蛹具有一定的抗干燥、抗碾压能力。化蛹后到成虫羽化的时间因温度而不同：4.4℃ 为 30 大，10℃ 为 15 天，15.6℃ 为 11 天，18.9℃ 为 7 天。23.9℃ 以上不化蛹。1 年主要发生在春季和秋季两个世代。喜高温。气候不适宜时进入休眠，延期羽化。在成虫羽化时如果冬小麦不适合幼虫取食，即于春小麦和大麦上产卵。遇到干旱，产卵量显著下降，卵和幼虫大量死亡。

4. 分布及危害

分布：欧洲，丹麦、挪威、瑞典、波兰、德国、奥地利、瑞士、荷兰、英国、法国、西班牙、葡萄牙、意大利、塞尔维亚、保加利亚、希腊、俄罗斯；亚洲，伊拉克、以色列、塞浦路斯、土耳其、中国（新疆）；非洲，突尼斯、阿尔及利亚、摩洛哥；美洲，加拿大、美国；大洋洲，新西兰。

为害：美国 1935～1945 年间，年损失树百万美元以上，新疆博尔塔拉州 1981 年面积 3 万 hm^2，损失 700 万 kg。寄主植物范围包括大麦、小麦、黑麦、葡萄龙牙草、冰草属和野麦属等禾本科植物。新疆仅为害小麦。

5. 传播途径

主要靠围蛹随麦秆和寄主植物制成的包装铺垫材料远距离传播。

少量围蛹也可能混入麦种子而被携带，成虫可随风扩散蔓延。

6．检疫

禁止从疫区调运或进口麦种及麦秆制品，以及麦秆包装物、禾本科杂草填充物等，发现疫情立即处理或销毁。

7．防治要点

要结合耕作栽培措施，进行综合防治。

（1）农业防治，①根据当地成虫发生期，调节小麦播种期。②收获后将麦茬及时深翻入土，消灭围蛹。③轮作倒茬，减轻危害。④遗传防治和选育抗虫品种。

（2）化学防治，使用土壤处理、种子处理、喷雾（粉）、熏蒸、驱虫剂、引诱剂、茎秆涂药等方法杀死转移幼虫。

（3）生物防治，利用天敌，如小广腹细腰蜂（卵内）和 *Merisus* 属寄生蜂（蛹内）。

四、同翅目害虫

同翅目（Homoptera），有翅亚纲中1目。刺吸式口器，两对翅，静止时多呈屋脊状置背上，前翅质地均一的一类昆虫。因昆虫前后翅质地相同而得名。世界已知有32800余种，中国已知1930余种。

（一）葡萄根瘤蚜

1．分类学地位

葡萄根瘤蚜［*Viteus vitifolii*（Fitch）］，同翅目（Homoptera），

球蚜总科（Aphidoidea），根瘤蚜科（Phylloxeridae）。

2．形态特征

根瘤型成虫：卵圆形，无翅，体背各节具灰黑色瘤，触角3节，第3节最长，其端部有一个圆形或椭圆形感觉圈，末端有刺毛3根。

叶瘿型成虫：圆形，无翅，体背无瘤，体表具细微凹凸皱纹，触角末端有刺毛5根。

有翅蚜成虫：长椭圆形，翅2对，前翅只有3根斜脉，后翅仅有1根脉；触角3节有感觉毛2各。

雌蚜：无翅，触角第3节为前两节之和的2倍。

雄蚜：外生殖器突出于腹末乳突状。

卵：无翅孤雌蚜的卵均为无性卵；有性卵为有翅型所产，大卵为雌卵，小卵为雄卵。

若蚜：共4龄，无翅若蚜淡黄色；有翅若蚜，3龄后出现翅蚜。

3．生物学特性

山东烟台7～8代/年，根瘤型。

4．分布及为害

分布：美洲，加拿大、美国、阿根廷、智利、秘鲁、墨西哥、哥伦比亚、巴西；欧洲，法国、奥地利、阿尔巴尼亚、比利时、保加利亚、匈牙利、德国、希腊、荷兰、西班牙、意大利、马耳他、卢森堡、葡萄牙、罗马尼亚、俄罗斯、瑞士；非洲，阿尔及利亚、南非、突尼斯、摩洛哥；亚洲，巴基斯坦、叙利亚、土耳其、黎巴嫩、巴基斯坦、塞浦路斯、以色列、约旦、日本、朝鲜、中国（山东、辽宁、陕西）。

为害：欧洲系葡萄仅根部被害，美洲系及野生葡萄的根和叶都可被害。蛀牙寄主为葡萄属（Vitis）植物（葡萄及野生葡萄），专食性。

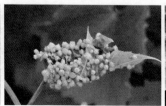

图 6.32　葡萄根瘤蚜

5．传播途径

随带根葡萄苗木进行远距离传播。

6．检疫

苗木产地检验：包括地上部检验和根系检验。地上部的检验，应包括春季检查叶片上是否有虫瘿。

根系检查：可在收获前 1 个月至整个收获季节（一般 6 月中旬至9 月，是最好的取样时间）取样。已出现衰弱信号时的植株（单个或一片）为主，结合其他取样方法（例如五点取样）取样，以植株周围半径为 1 m 以内，深度为 10 cm 的根系与根系周围的土壤；样品中以须根为主，应包括直径为 50 mm 左右的粗根和 500～1000 g 的土壤。检测根系是否有受害的典型症状：须根菱形（或鸟头状）根瘤、根部根瘤等；放大镜或解剖镜检查根部，是否有各虫态的蚜虫；土壤用水泡，检测水中漂浮物是否有蚜虫。发现可疑物需要进一步检验时，可以制成玻片。

苗木（种条）的检验：苗木或种条，按一定比例抽样；检查时，要注意苗木上的叶片是否有虫瘿、枝条上是否有虫卵、根部（尤其须根）有无根瘤，根部的皮缝和其他缝隙有无虫卵、若虫等。

7. 检疫处理和防治

（1）严禁从疫区引进或调运葡萄苗木和插条，特殊需要时必须进行严格检疫和彻底消毒处理。

（2）药剂处理土壤（辛硫磷乳油或二硫化碳）。

（3）沙地育苗，培育无虫苗木。

（4）培育抗蚜优质葡萄品种。

（二）苹果绵蚜

1. 分类学地位

苹果绵蚜[*Eriosoma lanigerum*（Hausmann）]，属同翅目（Homoptera），胸喙亚目（Sternorrhyncha），瘿绵蚜科（Pemphigidae），绵蚜亚科（Eriosomatinae），绵蚜属（Eriosoma）。

2. 形态特征

成虫：无翅孤雌蚜体卵圆形，长 1.7 ～ 2.2 mm，头部无额瘤，腹部膨大，黄褐色至赤褐色。复眼暗红色，眼瘤亦红黑色。口喙末端黑色，其余赤褐色，生有若干短毛，其长度达后胸足基节窝。触角 6 节，第 3 节最长，为第 2 节的 3 倍，稍短或等于末 3 节之和，第 6 节基部有一小圆初生感觉孔。腹部体侧有侧瘤，着生短毛；腹背有 4 条纵列的泌腊孔，分泌白色的蜡质和丝质物，群体在苹果树上严重为害时如挂棉绒。腹管环状，退化，仅留痕迹，呈半圆形裂口。尾片呈圆锥形，黑色。有翅孤雌蚜体椭圆形，长 1.7 ～ 2.0 mm，体色暗，较瘦。头胸黑色，腹部橄榄绿色，全身被白粉。复眼红黑色，有眼瘤，单眼 3 个，颜色较深。口喙黑色。触角 6 节，第 3 节最长，有环形感觉器 24 ～ 28 个，第 4 节有环形感觉器 3 ～ 4 个，第 5 节有环形感觉器 1 ～ 5 个，第 6 节基部约有感觉器 2 个。翅透明，翅脉和翅痣黑色。前翅中脉 1 分枝。腹部白色绵状物较无翅雌虫少。腹管退化为黑色环状孔。有性蚜体长 0.6 ～ 1 mm，淡黄褐色。触角 5 节，口器退化。头部、触角及足为淡黄绿色，腹部赤褐色。有性雄蚜体长 0.7 mm 左右，体淡绿色。触角 5 节，末端透明，无喙。腹部各节中央隆起，有明显沟痕。

若虫：分有翅与无翅两型。幼龄若虫略呈圆筒状，绵毛很少，触角 5 节，喙长超过腹部。四龄若虫体形似成虫。

卵：椭圆形，中间稍细，由橙黄色渐变褐色。

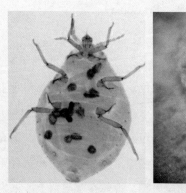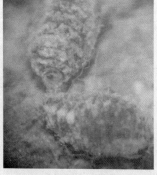

图 6.33　苹果绵蚜成虫和无翅雌蚜

3．生物学特性

以孤雌繁殖方式产生胎生无翅雌蚜。因地区不同、发生代数不同，在华东地区1年可发生12～18代，在西藏每年可发生7～23代。以无翅胎生成虫及1～2龄若虫越冬，若虫是主要越冬虫态。苹果绵蚜仅在苹果树上危害和越冬，地上部和地下部均可越冬，但其主要场所是果树上比较隐蔽且不易受到寒风直接侵袭的树皮下、伤疤裂缝、剪锯口和根部分蘖处。在根部越冬的苹果绵蚜为无翅的若虫、成虫。越冬期不休眠，继续为害。翌年4月上中旬平均气温达9℃时，即在越冬部位开始为害。5月上旬开始胎生繁殖，5月下旬至6月，是全年繁殖盛期，1龄若虫四处扩散，6月下旬至7月上旬将出现全年发生高峰。被害部肿胀成瘤，绵毛成团，后期瘿瘤破裂，影响枝条生长。7～8月受高温和寄主蜂影响，蚜虫数量大减。

4．分布与为害

分布：已经传入世界各大洲。中国山东、天津、河北、陕西、河南、辽宁、江苏、云南，甚至西藏的拉萨等地均有发现。

为害：根等部位，刺吸汁液，同时分泌体外消化液，刺激果树受害部组织增生，形成肿瘤，影响营养输导，叶柄被害后变成黑褐色，因光合作用受破坏，叶片早落。果实受害后发育不良，易脱落。侧根受害形成肿瘤后，不再生须根，并逐渐腐烂。体外排泄的蜜露则是烟煤菌的良好养料。

图 6.34　苹果棉蚜为害

5．传播途径

传播途径：在田间靠有翅蚜自身爬行及迁飞，或借风力扩大传播距离传播。附着在农事工具上或靠剪枝、疏瓜疏果等农事操作而人为扩散。远距离传播主要通过苗木、接穗、果实及其包装物、果箱、果筐等的异地运输，这是苹果绵蚜传播的主要方式。

6．检疫方法

检疫措施：对于目前未发现苹果绵蚜的地区，严格禁止从苹果绵蚜发生区调运苹果、山荆子等的苗木、接穗和果实等，对从外地调入的苗木或接穗，一律要求用 48% 的乐斯本乳油 500 倍浸泡 3 分钟消毒处理后再行栽植或嫁接，并要做好追踪监测。

7．检疫处理及防治

（1）加强检疫，对从国外进境的苗木、接穗和果实应按中华人民共和国进境植物检疫潜在危险性病、虫、杂草（三类有害生物）的处理原则进行处理。

（2）农业防治，冬季修剪，彻底刮去老树皮，修剪虫害枝条、树干，破坏和消灭苹果绵蚜栖居、繁衍的场所；涂布白涂剂；施足基肥，合理搭配氮、磷、钾比例；适时追肥，冬季及时灌水；苹果园里避免混栽山楂、海棠等果树，并铲除山荆子及其他灌木和杂草，保持果园清洁卫生。

（3）生物防治，有条件的果园可以人工繁殖释放苹果蚜蚜小蜂、瓢虫、草蛉等天敌。

（4）化学防治，用 40% 氧化乐果或 40% 乐果乳油、80% 敌敌畏乳油浸泡苗木、接穗；或用溴甲烷熏蒸处理苗木、接穗及包装材料。

（三）松针盾蚧

1．分类学地位

松针盾蚧 [*Chionaspis pinifoliae*（Fitch）]，同翅目（Homoptera）、蚧亚目、盾蚧科（Diaspididae）、雪盾蚧亚科（Diaspidinae）、雪盾蚧属（Chionaspis）。

2．形态特征

成虫：松针盾蚧白色，在寄主针叶上形成白色、牡蛎壳状的蜡质棉絮状覆盖物，在较小的一端有一个黄色至橘黄色的蜕。雌蚧一般长约 3 ～ 4 mm；雄蚧长约 1 mm，比雌虫柔软，雄蚧沿白色部位有 3

条纵脊。

卵：成熟的卵粉红色、紫红色至褐红色，椭圆形。

若虫：新孵若虫红褐色，有黑色的眼斑。

图 6.35　松针盾蚧

3．生物学特性

该蚧虫在寄主的针叶上定殖，6、7 月份时常在枝上排成一排。定殖后，该虫一般不移动位置，直到 7 月初长成成虫为止，成虫后，雄虫到处爬行寻找雌虫，雄虫的数量较少，有两翅，身体也非常柔软，该虫也可进行孤雌生殖。在雌虫和雄虫交配后，雌虫会继续生长数周直至在介壳下产卵，每个雌虫平均产卵 40 枚。

该虫在南方，一般每年发生两代，在北方以及高海拔地区仅仅发生一代。卵的孵化与海拔和季节温度有关。越冬卵正常孵化的时间在每年的 4 月至 5 月中旬，春季温度高时，越冬卵可在 4 月底开始孵化；春季温度低时，越冬卵要到 6 月才开始孵化，如果整个春季温度持续降低，则越冬卵的孵化期将持续一个月以上。6 ～ 7 月，第一代的成虫形成介壳并开始产第二代的卵，夏季产的卵在 7 月底孵化，若成虫在 8 月中成熟。第二代的发生期为 7 ～ 9 月，第二代在 10 月上中旬成熟并产卵。孵化主要持续 2 ～ 3 周时间。第二代幼虫主要定居在当季长出的针叶上。

4．分布与为害

分布：主要分布在北美地区，包括美国爱达荷、蒙大拿等州和加拿大。中国目前尚未有分布。

为害：主要危害松属，特别是欧洲山松、美加红松、小干松、西黄松、欧洲赤松和欧洲黑松等松属植物，此外还可在雪松属、红豆杉属、冷杉属、云杉属、道格拉斯冷杉、铁杉上发生危害。

5．传播途径

松针盾蚧的若虫可以随风传播，但主要的传播途径是随寄主苗木调运传播。

6．检疫方法

将涂有凡士林的黑胶带绕在松树等小枝上，可以检查若虫的活动情况，也可以摇动树枝将若虫掉在白纸上进行检查。检查一般在 4 月底至 5 月初为宜。早期的检查有助于减少用药，减少该虫的传播。

7．检疫处理及防治

（1）生物防治。用具有制成瓢虫、暗色瓢虫、瓢虫以及寄生蜂可以减少松针盾蚧的数量，但这些昆虫在自然情况下的数量不能有效控制松针盾蚧的爆发。

（2）化学防治。在5、6月中寻若虫刚孵出，以及在7、8月份，卵刚孵化出若虫时喷洒杀虫剂或氢化油，可以有效地控制该虫的数量。一旦介壳形成，化学防治的效果就不理想。可以使用杀虫剂有马拉硫磷、西维因、二嗪农、乙酰甲胺磷等。

（四）大洋臀纹粉蚧

1．分类学地位

大洋臀纹粉蚧（*Planococcus minor*），属同翅目（Homoptera），粉蚧科（Pseudococcidae），臀纹粉蚧属（Planococcus）。

2．形态特征

雌成虫：无翅，体淡黄色，长卵圆形，体节明显，体被白色粉蜡粉，体侧具 17 对短蜡丝，体末端一对蜡丝最长。雌成虫体椭圆形，长约 2.04 mm，宽约 1.62 mm。复眼、触角、胸足均发达可见，口器亦发达，呈长丝针状，位于前胸足之间，触角 8 节，基节粗，第 8 节最长，且常具有分节痕迹，好像是 9 节触角。

图 6.36　大洋臀纹粉蚧成虫

3．生物学特性

该虫在中国台湾地区可以全年发生危害，完成一代时间主要视气候而定，夏季需要 26 d，冬季需要 55 d，常于 11 月至翌年 5 月之间，低温干燥期间猖獗危害，7 ～ 9 月间高温多雨期种群密度降低。雌虫会分泌性信息素，吸引雄性虫前来交尾。雌成虫交尾后，会自尾端分泌白色棉絮状蜡质卵囊，产卵于囊内。卵孵化率可达 94.41%，初孵化若虫暂居于卵囊内，并大量聚集于母体附近，部分则分散至靠近枝条、叶片背面或果实上寄主为害。

4．分布与为害

分布：中国（台湾）、印度、泰国、菲律宾、孟加拉国、斐济、马来西亚、澳大利亚、摩萨亚、巴布亚新几内亚、汤加以及非洲热带区等地。

为害：大洋臀纹粉蚧食性很杂，寄主植物有 250 多种，主要有番石榴、柑橘、番龙眼、番樱桃、香蕉、葡萄、芒果、榴莲、咖啡、可可、大豆、玉米、马铃薯、观赏花卉植物等。主要为害植物的叶、假鳞茎等部位。

5. 传播途径

主要在寄主植物的幼嫩部位（茎、叶片、花、果等）聚集取食。该若虫可从受感染植株转移到健康植株。低龄若虫可随风、鱼、鸟类、覆盖物、机械等传播到健康植株。由于具蜡质虫体常被动的黏附于田间使用的机械设备工具、动物或人体上而传播扩散。若虫也可随灌溉水流动而扩散。蚂蚁常会将若虫从受感染植株上搬运到健康植株上。远距离传播主要靠寄主植物及其产品、栽培介质和运输工具进行。

6. 检疫方法

对可能携带粉蚧的水果、苗木、花卉等检疫物各部位进行检查，重点检查果实的果柄、果蒂及植株的叶片、嫩茎、嫩枝等幼嫩部位，寄生部位常伴有白色的蜡粉。在现场检测时，如发现粉蚧，应将其放入样品袋中。做好现场记录，送实验室进行鉴定。

7. 检疫处理及防治方法

（1）化学防治，可用 50% 普留松乳剂 2000 倍或 25% 谷硫磷可湿性粉剂 800 倍液喷洒叶面、叶背及枝条进行防治，每隔 7～10 d 施药一次，需连续施药两次，遇连续性雨天、捕食性天敌瓢虫大量发生及果实采收前 21 d 停止喷药。此外，国外学者研究发现，多种烟碱类药剂对大洋臀纹粉蚧有防治作用。如啶虫脒、噻虫胺、噻虫嗪等。

（2）物理防治，Ravuiwasa 等通过采用 50、100、150、250、250　Gy 的 Co60 对大洋臀纹粉蚧的卵、若虫、成虫三个阶段进行辐照处理。寻求对其检疫处理的最佳虫龄和最佳处理剂量。结果显示，150～250Gy 处理能显著地降低大洋臀纹粉蚧各个龄期的存活率及成虫繁殖能力、产卵率及生殖率。其中，对成虫处理的死亡率及生殖率影响最小。不同剂量辐照处理后的卵都能孵化，但经 150～250Gy 处理的 F2 代卵不能孵化。

（3）生物防治，Francis 等对加勒比海特立尼达岛的大洋臀纹粉蚧和其天敌进行了研究，结果显示其主要捕食性天敌为瘿蚊科和瓢虫科的昆虫。此外，还有两种跳小蜂，对于大洋臀纹粉蚧有较好的寄生效果。同时 Francis 等还发现，部分食蚜蝇科和花蝽科昆虫对大洋臀纹粉蚧具有捕食性。此外，研究报道，美国佛罗里达州引进一种瘿蚊科昆虫，用来防治大洋臀纹粉蚧。

五、膜翅目

膜翅目（Hymenoptera），包括蜂、蚁类昆虫，属有翅亚纲、全变态类。全世界已知约 12 万种，中国已知 2300 余种，是昆虫纲中第三大目（次于鞘翅目和鳞翅目）。膜翅目是最低等的完全变态类昆虫，和其他全变态昆虫是姊妹群关系。膜翅目广泛分布于世界各地，以热带相亚热带地区种类最多。膜翅目的名字来自于其翅如膜，透明。

膜翅目中的昆虫体长 0.1 ～ 65 mm，翅展 0.2 ～ 120 mm，是昆虫中最小的。

（一）苜蓿籽蜂

1. 分类学地位

苜蓿籽蜂（*Bruchophagus gibbus*），膜翅目（Hymenoptera），广肩小蜂科（Eurytomidae）。

2. 形态特征

雌蜂：平均体长 1.94±0.03 mm，体宽 0.58±0.02 mm。全体黑色，头大，有粗刻点。复眼酱褐色，单眼 3 个，着生于头顶呈倒三角形排列。触角平均长为 0.63±0.02 mm，共 10 节，柄节最长，索节 5 节，棒节 3 节。胸部特别隆起，具粗大刻点和灰色绒毛。前胸背板宽为长的两倍以上，其长与中胸盾片的长度约相等，并胸腹节几乎垂直。足的基节黑色，腿节黑色下端棕黄色，胫节中间黑色两端棕黄色。胫节末端均有短距一根。翅无色，前翅缘脉和痣脉几乎等长。平均翅长 3.45±0.06 mm。腹部近卵圆形，有黑色反光，末端有绒毛。产卵器稍突出。主要鉴定特征为外生殖器第二负瓣片端部和基部的连线与第二基支端部和基部的连线之间的夹角大于 20°，小于 40°，第二负瓣片弓度较小。

雄蜂：体黑色，体型略小。形态特征与雌蜂相似。平均体长 1.63±0.03 mm，体宽 0.48±0.01 mm。平均触角长 0.85±0.02 mm，共 9 节，第 3 节上有 3 ～ 4 圈较长的细毛，第 4 至第 8 节各为 2 圈，第 9 节则不成圈。平均翅展 2.99±0.06 mm。腹部末端圆形。

卵：卵长椭圆形，长 0.17 ～ 0.24 mm，平均长为 0.21±0.003 mm，

平 均 宽 0.10±0.002 mm，一端具细长的丝状柄，卵柄长为
0.30～0.52 mm，平均长 0.40±0.01 mm，约为卵长的 1.5～3.0 倍，
约为卵宽的 2.5～6.5 倍，透明，有光泽。

幼虫：幼虫无足，头部有棕黄色上颚 1 对，其内缘有 1 个三角形
小齿。共 4 龄，各龄期幼虫体长、体宽见表 2。初孵幼虫未取食体色
透明，取食后体色开始变绿，发育至 3 龄、4 龄时体色逐渐转为白色。

蛹：蛹为裸蛹，初化蛹为白色，1～2 d 后体变为乳黄色，复
眼变为红色，羽化时变黑色。平均体长为 1.83± 0.02 mm，体宽为
0.73±0.01 mm。

图 6.37　苜蓿籽蜂成虫

3．生物学特性

籽蜂一般一年发生 1～3 代，在条件适宜的地区，可发生 4～5
代，以幼虫在豆科牧草的种籽内越冬，由于幼虫在种子内蛀食，虽然

对牧草产量没有影响，但对种用牧草来说，受害则比较严重。翌年 4 月下旬，室内平均温度达 14.3℃时（当年 10 月至翌年 3 月，室内平均最高温 11.6℃，平均最低温 −7.9℃），越冬幼虫开始化蛹，成虫于 5 月上旬开始羽化，5 月下旬为羽化盛期，末期在 6 月中下旬。5 月下旬开始出现第 1 代幼虫，盛期在 6 月下旬。第 1 代成虫于 7 月上旬开始羽化，盛期在 7 月中旬。第 2 代幼虫在 7 月中旬开始出现，盛期在 7 月下旬至 8 月上旬。第 2 代成虫 7 月底开始出现，盛期在 8 月中旬。第 3 代幼虫于 8 月上旬开始出现，在种子内发育至 2、3 龄后开始滞育越冬。

4．分布与为害

分布：主要分布于新疆、甘肃、内蒙古自治区等省区。

为害：幼虫共有 4 个龄期，主要取食苜蓿种子胚芽、子叶，使苜蓿种子失去发芽能力。种子被害初期，在种皮内可见一个褪白区域，为初龄幼虫取食所致；被害中期，幼虫达 3 龄时，种子一半以上被蛀空，仅可见透明种皮及黄褐色斑块，为其排泄物；被害后期，即幼虫达 4 龄时，老龄幼虫可将种子蛀空，并在种壳内化蛹。被害种子表面多皱褶，略鼓起，重者仅剩一空壳。幼虫化蛹后种子开始干燥、变硬，种粒明显小于正常种子。幼虫在 1 粒种子内完成全部发育。一个种荚内常有 1～4 粒种子被害，且种荚中间部分被害较两端严重。

5．传播途径

随着种子调动扩散和传播。

6．检疫方法

将籽蜂蛹置于自然变温条件下，随着温度的升高，籽蜂蛹的发育速度也在逐渐加快，完成历期时间逐渐缩短。通过羽化成虫监测该害虫的发生。

7．检疫处理及防治方法

播种前期：在播种前半月（3～4周用根瘤菌拌种）采用药剂混合拌种，80%可湿性福美双粉剂+68%可湿性七氯粉剂（3～4千克/吨）。防治杆蝇、根瘤象甲及褐斑病。

分枝期：留种田喷洒60%地亚农乳剂（500升/公顷）。

现蕾期：喷洒0.2%乐果乳剂（500升/公顷）或80%可湿性敌百虫粉剂（0.2千克/公顷）或20%甲基E-605乳剂（0.1千克/公顷）。

此外，也可以采取轮作、早割、低割、烧茬、翻耕、灌水、施肥等措施进行防治。

（二）红火蚁

1．分类学地位

红火蚁（*Solenopsis invicta* Buren），膜翅目（Hymenoptera）、细腰亚目（Apocrita）、蚁科（Formicidae）、切叶蚁亚科（Myrmicinae）、火蚁族（Solenopsidini）、火蚁属（Solenopsis）。

2．形态特征

生殖型雌蚁：有翅型雌蚁体长8～10 mm，头及胸部棕褐色，腹部黑褐色，着生翅2对，头部细小，触角呈膝状，胸部发达，前胸背板亦显著隆起。雌蚁婚飞交配后落地，将翅脱落结巢成为蚁后。蚁后体形（特别是腹部）可随寿命的增长不断增大。

雄蚁：体长7～8 mm，体黑色，着生翅2对，头部细小，触角呈丝状，胸部发达，前胸背板显著隆起。

大型工蚁：兵蚁体长 6～7 mm，形态与小型工蚁相似，体橘红色，腹部背板色呈深褐。

卵：卵为卵圆形，大小为 0.23～0.30 mm，乳白色。

幼虫：共 4 龄，各龄均乳白色，各龄长度分别为，1 龄 0.27～0.42 mm；2 龄，0.42 mm；3 龄，0.59～0.76 mm；发育为工蚁的 4 龄幼虫 0.79～1.20 mm，而将发育为有性生殖蚁的 4 龄幼虫体长可达 4～5 mm。1～2 龄体表较光滑，3～4 龄体表被有短毛，4 龄上颚骨化较深，略呈褐色。

蛹：为裸蛹，乳白色，工蚁蛹体长 0.70～0.80 mm，有性生殖蚁蛹体长 5～7 mm，触角、足均外露。

3．生物学特性

红火蚁自然繁殖中以生殖蚁的婚飞扩散较为持续和有规律。红火蚁没有特定的婚飞时期（交配期），成熟蚁巢全年都可以有新的生殖蚁形成。雌、雄蚁飞到约 90～300 m 高的空中进行婚飞配对与交配，雌蚁交尾后约飞行 3～5 km 降落寻觅筑新巢的地点，如有风力助飞则可扩散更远。

图 6.38　红火蚁成虫和幼虫

红火蚁的生活史有卵、幼虫、蛹和成虫 4 个阶段，共 8 ～ 10 周。蚁后终生产卵。工蚁是做工的雌蚁；兵蚁较大，保卫蚁群。每年一定时期，许多种产生有翅的雄蚁和蚁后，飞往空中交配。雄蚁不久死去，受精的蚁后建立新巢，交配后 24 h 内，蚁后产下 10 ～ 15 只卵，在 8 ～ 10 d 时孵化。第一批卵孵化后，蚁后将产下 75 ～ 125 只卵。一般幼虫期 6 ～ 12 d，蛹期 9 ～ 16 d。第一批工蚁大多个体较小。这些工蚁挖掘蚁道，并为蚁后和新生幼虫寻找食物，还开始修建蚁丘。一个月内，较大工蚁产生，蚁丘的规模扩大。6 个月后，族群发展到有几千只工蚁，蚁丘在土壤或草坪上突现出来。红火蚁是一种营社会性生活昆虫，每个成熟蚁巢，约有 5 ～ 50 万只红火蚁。红火蚁虫体包括负责做工的工蚁、负责保卫和作战的兵蚁和负责繁殖后代的生殖蚁。生殖蚁包括蚁巢中的蚁后和长有翅膀的雌、雄蚁。一个蚁巢中包括 1 个或数个可以生殖的蚁后，其他所有的工蚁和兵蚁都是不能繁殖的。

红火蚁的寿命与体型有关，一般小型工蚁寿命在 30 ～ 60 d，中型工蚁寿命在 60 ～ 90 d，大工蚁在 90 ～ 180 d。蚁后寿命在 2 ～ 6 年左右。红火蚁由卵到羽化为成虫大约需要 22 ～ 38 d。蚁后每天可最高产卵 800 枚，一个几只蚁后的巢穴每天共可以产生 2000 ～ 3000 枚卵。当食物充足时产卵量即可达到最大，一个成熟的蚁巢可以达到 24 万头工蚁，典型蚁巢为 8 万头。

4．分布与为害

分布：美洲的热带和亚热带地区，印度、非洲、太平洋岛屿等地。

为害：红火蚁对人有攻击性和重复蜇刺的能力。它影响入侵地人的健康和生活质量、损坏公共设施电子仪器，导致通讯、医疗和害虫控制上的财力损失。蚁巢一旦受到干扰，红火蚁迅速出巢发出强烈攻击行为。红火蚁以上颚钳住人的皮肤，以腹部末端的螯针对人体连续叮蜇多次，每次叮蜇时都从毒囊中释放毒液。人体被红火蚁叮蜇后有如火灼伤般疼痛感，其后会出现如灼伤般的水泡。多数人仅感觉疼痛、不舒服，少数人对毒液中的毒蛋白过敏，会产生过敏性休克，有死亡的危险。如水泡或脓包破掉，不注意清洁卫生时易引起细菌二次感染。红火蚁给被入侵地带来严重的生态灾难，是生物多样性保护和农业生产的大敌。红火蚁取食多种作物的种子、根部、果实等，为害幼苗，造成产量下降。它损坏灌溉系统，降低工作效率，侵袭牲畜，造成农业上的损失。红火蚁对野生动植物也有严重的影响。它可攻击海龟、蜥蜴、鸟类等的卵，对小型哺乳动物的密度和无脊椎动物群落有负面的影响。有研究表明，在红火蚁建立蚁群的地区，蚂蚁的多样性较低。

红火蚁危害其他动物的机理主要表现在：

（1）红火蚁捕食刚孵化的地栖型卵生动物个体，因为刚刚出壳的幼体或者出壳后聚集在一起尚未离开巢穴的幼体，活动能力弱，极易受红火蚁的攻击，而最终变为红火蚁的美餐；或者以群体力量捕食昆虫幼虫、成虫等。

（2）红火蚁与其他动物竞争有限的食物资源，如与当地蚂蚁种群竞争植物食料，还与那些以昆虫为食物来源的物种竞争昆虫食料，导致其他物种因为缺乏足够食物供给而种群数量减少甚至灭绝。

（3）通过叮咬而使得某些动物存活率降低，改变生境，甚至弃巢外逃，或者因为受攻击活动量加大而增加被捕食的几率。

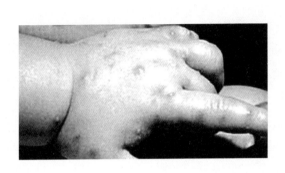

图 6.39　红火蚁对人的为害

5．传播途径

红火蚁的入侵、传播包括自然扩散和人为传播。自然扩散主要是生殖蚁飞行或随洪水流动扩散，也可随搬巢而作短距离移动；人为传播主要因园艺植物、草皮、土壤废土移动、堆肥、园艺农耕机具设备、空货柜、车辆等运输工具污染等做长距离运输。

6．检疫方法

因红火蚁的危害巨大，红火蚁的入侵引起相关部门的重视。检测方法有：问卷调查法、目视法、诱饵诱集法。问卷调查法主要采取询问的方法向当地机构、居民调查了解红火蚁发生、为害情况，分析、获取蚁害的传播扩散情况及其来源。目视法，观察路右侧草坪、绿化带、荒地、田埂、树木、电线杆基部等地点是否有隆起的蚁丘。诱饵诱集法，在未见明显蚁巢 / 蚁丘的高风险区域进行，以明确是否是疫点或发生区准确边界。以上方法均可采用蚂蚁标本，并用红色标志牌或标志旗插于其旁，标定位置。

7．检疫处理及防治方法

（1）途径预防，人为传播主要有园艺植物污染、草皮污染、土壤废土移动、堆肥、园艺、农耕机具设备污染、空货柜污染、车辆等运输工具污染等而作长距离传播。中国国内在种苗、花卉、草坪、观赏植物等贸易调运中，植物基本上带有土壤或栽培基质。这些活动可能增强红火蚁传播地。在美国，甚至有红火蚁侵入养蜂箱而随放蜂活动作长距离传播的例子。严格控制红火蚁发生区物品外运，防止人为携带疫情外传。对发生疫区外调的物品、运输工具进行严格检查及消灭红火蚁处理，防止任何可能带有红火蚁的货物调出疫区，同时做好产地检疫工作。并在调运检疫或产地检疫中常用药剂种类有阿维菌素、联苯菊酯、敌敌畏、毒死蜱、二嗪农、苯氧威、氟虫腈、氟蚁腙、烯虫酯、蚊蝇醚、七氟菊酯、氯氰菊酯等。

（2）技术防治，红火蚁有"单蚁后"及"多蚁后"两种社会型态，中国台湾地区研究员王忠信与美国、英国、瑞士学者合作发现特定"社群染色体"扮演关键角色，有助于消灭红火蚁。研究发现红火蚁会有"单蚁后"和"多蚁后"两种截然不同的社会形态，主要是透过约 600 个"锁"在一起的"超级基因"调控。这 600 个超级基因决定红火蚁是"单蚁后"及"多蚁后"族群。研究人员表示，"单蚁后"族群的工蚁，会杀死其他族群的蚁后；"多蚁后"族群则会接纳拥有"多蚁后"基因的蚁后，而杀死"单蚁后"基因的蚁后。

（3）克星防治，因为红火蚁来自南美，在南美和"南美果蝇"

彼此相克。这种蝇是一种"蚤蝇"(phorid fly)。通过寄生方式进攻红火蚁。幼虫孵化以后食用蚂蚁的体内组织等为食物。同时幼虫可以控制红火蚁的身体动作，也就是行动方式。据说《异形》的灵感就是来源于这种蝇。

(4)药剂防治，在红入侵火蚁觅食区散布饵剂，饵剂通常用玉米颗粒和加了药剂的大豆油混合而成，约10～14 d后再使用独立蚁丘处理方法，并持续处理直到问题解决。此方法建议每年处理二次，通常在4～5月处理第一次，而在9～10月再处理第二次。化学防治药剂防治方法建议用药，经农药谘议委员会通过3种饵剂与6接触性药剂可以使用于农地的火蚁防治工作上。独立蚁丘处理法，在严重危害区域与中度危害区域以灌药或粉剂、粒剂直接处理可见的蚁丘，此种防治方法可以有效地防除98%以上的蚁丘。但其明显的缺点是在仅能防治可见的蚁丘，但许多新建立的蚁巢是不会产生明显蚁丘，在一些防治管理措施较为密集的地点也较不易看见蚁丘，而往往会造成处理上的疏漏。大部分灌药的剂型产品每个蚁巢需要加入5～10公升的药剂才有效果。

六、等翅目

等翅目(Isoptera)昆虫通称白蚁，古书上简称"蟸"，为社会性昆虫，生活于隐藏的巢居中，有完善的群体组织，由有翅和无翅的生殖个体(雌蚁和雄蚁)与多数无翅的非生殖个体(工蚁和兵蚁)组成。是著名害虫。2007年，等翅目撤销，被归入蜚蠊目。

（一）小楹白蚁

1．分类学地位

小楹白蚁［*Incisitermes minor*（Hagen）］，等翅目（Isoptera），木白蚁科（Kalotermitidae），楹白蚁属（Incisitermes）。

2．形态特征

兵蚁头背面长方形，两侧平行，额部向前倾斜。触角10～14节，第3节长，棒状。上唇近矩形，宽短，前缘中部微突，有数枚长毛。前胸背板宽大，前缘深凹入，后缘稍平。

3．生物学特性

一般生活于热带、亚热带温暖潮湿的地方。

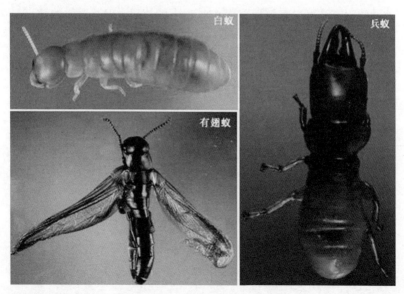

图 6.40　小楹白蚁

4．分布与为害

分布：国内分布，江苏（南京）、上海、浙江（宁海）；国外分布，美国（加利福尼亚，亚利桑那）、墨西哥。

为害：已扩散至美国其他地区以及墨西哥等地，第二次世界大战中传入日本，很快扩散到亚洲的其他地方。由木材，如木箱、地板、门窗及家具等携带传播。1937 年一位乡绅由香港带回木箱而将小楹白蚁传入浙江宁海，建群繁殖，并造成局部的严重危害。危害的木材常被蛀食一空，只剩下外表一层很薄的皮壳，里面则充满了粉末及排泄物。由于群体较小，蚁巢结构比较简单，习性又耐干燥，因此便于人为携带及运输传播。此外对房屋建筑、树木、江河堤防及水库堤坝、铁道枕木、公路桥梁、电杆电缆、古代文物、图书资料、账册收据、棉麻制品、贮藏粮物及农林作物等都构成威胁。

5．传播途径

随货物、纸张、木材等传播。

6．检疫方法

现场检测：检测检查危害状。小楹白蚁是干白蚁，在木材外端不形成蚁道。现场检查时应注意项木材表面是否有粉状或沙砾状的粪，这是干木白蚁非常典型的危害状，另外应注意木材外表是否有分飞孔和通气孔。

检查空洞和蚁道：用铁锥敲打检疫物表面，查看是否有空洞。若是有异常声响，应敲开空洞，检查是否有白蚁的蚁道和相关的行踪。

7．检疫处理及防治方法

除小楹白蚁外，我国已截获国外白蚁30多种。其中低等白蚁（如木白蚁科和鼻白蚁科）的工蚁和伪工蚁离群后，可转变为补充生殖型，而继续滋生繁殖，因而更具危险性，应加强检疫严防入侵。可用熏蒸药物如溴甲烷等熏蒸被害物，用毒杀药物如佛冲胺等直接喷撒毒杀。此外，对有翅蚁还可以在其分群时采取灯光诱杀。

七、半翅目

半翅目（Hemiptera）一种节肢动物门、昆虫纲动物，成虫体壁坚硬。多为中型及中小型，在热带地区的个别种类为大型。多为六角形或椭圆形，背面平坦，上下扁平。

（一）黑丝盾蚧

1．分类学地位

黑丝盾蚧［*Ischnaspis longirostris*（Signoret）］，半翅目（Hemiptera），蚧总科（Cocoidea），盾蚧科（Diaspididae），蛎盾蚧亚科（Lepidosaphinae），丝盾蚧属（Lepidosaphes）。

2．形态特征

雌介壳：细长，长可达3 mm，前窄后宽长，长约为宽的8倍，黑褐色至黑色，光亮。第一蜕皮位于介壳前端，呈淡黄色或淡褐色。雌成虫亦细长，后端腹节最宽，体膜质，但臀板背面骨化成网状纹，臀叶2对，中臀叶端圆，分离，第2臀叶双分，其内、外叶均小于中臀叶，中臀叶间有一对腺刺，向前至第二腹节每侧有多个。臀板背缘每侧 2 个，一个位于中臀叶与第二臀叶之间，另一个人位于第二臀叶外侧，其他背腺小，位于亚缘区和亚中区，腺瘤见于中胸、后胸和腹部第一节。肛门位于臀板中央，围阴腺 5 群。

3．生物学特性

黑丝盾蚧营孤雌生殖，雌虫一次能产卵 20 ～ 30 粒，卵产后不久即孵化，孵化的 1 龄若虫在 24 h 之内找到合适位置固定取食，3 d 左右发育成 2 龄若虫，卵发育历期为 30 d。

4．分布与为害

分布：非洲，安哥拉、埃及、佛得角、厄立特里亚、埃塞俄比亚、加纳、加那利群岛、几内亚、肯尼亚、马达加斯加、毛里求斯、莫桑比克、尼日利亚、留尼旺、圣多美和普林西比、塞内加尔、塞舌尔。大洋洲，澳大利亚、小笠原群岛、库克群岛、斐济、关岛、夏威夷群岛、可爱岛、毛伊岛、莫洛凯岛、新克里多尼亚、所罗门群岛等。美洲，加拿大、墨西哥、美国、安提瓜和巴布达、阿根廷、巴哈马、巴巴多斯、伯利兹、百慕大、巴西、哥伦比亚、哥斯达黎加、古巴、多米尼加、牙买加、巴拿马、厄瓜多尔、苏里南、委内瑞拉等国。亚洲，印度、印度尼西亚、马来西亚、菲律宾、新加坡、斯里兰卡、日本、中国（台湾）。欧洲，捷克、斯洛伐克、丹麦、法国、德国、爱尔兰、意大利、葡萄牙、瑞士、英国。

为害：黑丝盾蚧以吸取植物叶片、叶柄和果实汁液为食。常聚集于叶背叶脉周围危害，引起作物失绿、使作物产量下降或者影响品质，从而造成重大损失。

5. 传播途径

该虫主要随苗木远距离传播。

6. 检疫方法

在检疫现场观察寄主植物或果实。可借助放大镜仔细观察，整株植物重点检查叶片、叶柄等部位，如果发现疑似黑丝盾蚧危害的植株或者果实，装入样品袋中贴上标签和记录编号，采集时间地点，采集人等信息，送往实验室观察。

7. 检疫处理及防治

人工防治：人工挂树皮是最简单有效的防治方法。

化学防治：一般在成虫活跃时期和产卵期，使用菊酯类杀虫剂行防控。

（二）刺盾蚧

1. 分类学地位

刺盾蚧（*Selenaspidus articulatus* Morgan）。半翅目（Hemiptera），蚧总科（Cocoidea），盾蚧科（Diaspididae），刺盾蚧属（Selenaspidus）。

2. 形态特征

雌介壳：圆形，扁平，半透明，淡褐色或灰白色，直径 2～2.4 mm。蜕皮位于中心或稍偏，红褐色。雄介科卵形，白色，蜕皮位于亚中心。

雌成虫：略呈梨形，长约 0.85 mm，宽约 0.7 mm，前体段半圆形，明显宽于后体段，前、后体段间有明显的缢缩，胸瘤尖显著。触

图 6.41　刺盾蚧雌虫形态

角瘤状，生有 1 根刚毛，气门腺无，臀叶 3 对。发达，中臀叶平行，长宽几乎相等，端圆，有 1 个或 2 个小侧刻，第二臀叶比中臀叶稍小，略向内倾斜，端圆，第三臀叶粗刺状，长于中臀叶，中臀叶间有一对臀栉，狭而端齿式，比中臀叶稍短，中臀叶与第二臀叶间有一对臀栉，稍阔。第二与第三臀叶间有 3 个臀栉，外侧 2 个很阔，略向内倾斜，顶端有细梳齿；第三臀叶以外的第六腹节上有 4 ~ 6 个臀栉，呈刺状，同时臀板边缘也呈梳齿状，背腺管细长，管口椭圆形，在第六腹节至第八腹节的边缘和亚缘排成不规则的斜纵列。第五腹节和臀前节上无背腺管，肛门很小，卵形，位于臀板背面近端部 1/3 处，阴门向后弯曲成"V"字形。围阴腺孔 2 侧群，每群 3 ~ 6 枚。

3．生物学特性

刺盾蚧喜在朝向阳光的叶片正面为害，从乱发育到成虫，雌虫需要 45 d，雄虫需要 30 d。在柑橘上的产卵量为 71 ~ 124 粒，卵椭圆形，扁平，卵期很短，不久即孵化，喜高温高湿环境，在夏季多雨季节，种群密度很大，多在植物叶片正门为害，也见于果实、生长点和嫩茎上。

4．分布与为害

分布：亚洲，菲律宾、日本、斯里兰卡、土耳其、印度、中国（台湾）；欧洲，英国；非洲，安哥拉、贝宁、喀麦隆、刚果民主共和国、厄立特里亚、埃塞俄比亚、加纳、几内亚、肯尼亚、索马里、南非、马达加斯加、马里、毛里求斯、摩洛哥、莫桑比克、尼日利亚、留尼汪、苏丹、坦桑尼亚、多哥、乌干达、津巴布韦、赞比亚；大洋洲，澳大利亚、斐济、所罗门群岛；北美洲，墨西哥、美国；中南美洲，安提瓜岛、巴哈马群岛、巴巴多斯岛、百慕大群岛、玻利维亚、巴西、哥伦比亚、古巴、多米尼加、多米尼加、厄瓜多尔、萨尔瓦多、格林纳达、危地马拉、牙买加、海地、马提尼克岛、巴拿马、秘鲁。

危害：在南美洲是柑橘和咖啡的主要害虫，在柑橘上为害叶片和果实，被害组织迅速干枯，在中美洲是香蕉的主要害虫。

5. 传播途径

随寄主植物的运输做远距离传播。

6. 检疫方法

检查检疫物的叶片、嫩茎及果实表面，可借助放大镜，重点检查叶片正面，观察是否有卵形或圆形红褐色介壳，若发现可疑介壳，讲一步检查是否有虫体，若有将其连同寄主一起放入样品袋，加贴标签，注明相关信息，及时送往实验室鉴定。

7. 检疫处理及防治

人工防治：人工挂树皮是最简单有效的防治方法。

化学防治：一般在成虫活跃时期和产卵期，使用菊酯类杀虫进行防控。

第七章

识别危险性害草

一、具节山羊草

图 7.1　具节山羊草

1．分类地位

具节山羊草（*Aegilops cylindrica* Horst）属于禾本科（Gramineae）、山羊草属（Aegilops）。

2．分布

具节山羊草主要分布于欧洲、中亚、美国和澳大利亚的一种危害性植物。

3．为害情况

危害小麦、大麦等旱地作物，争夺水肥，使作物减产。如果混入作物种子中，3～5年后其混杂率可达50%～70%；且10%的具节山羊草混杂率就能使作物减产达到50%。

4．植物形态特征

小穗圆柱状，含2～3朵花，位于扁穗轴一侧，每节穗顶端膨大，下部扁而细；小穗黄或黄褐色；长11 mm，粗4 mm。颖片位于穗轴内侧，比穗轴稍短，两枚颖片近等长，革质多脉，先端两齿裂，一齿延伸为长约6 mm的芒，芒背面有刺毛；小花外稃下部纸质，先端革质具3齿，中齿延伸为芒（长约2 mm），内稃膜质，先端2浅裂；颖果易剥落，长椭圆形，黄褐色，顶端密生黄色毛茸。生于麦类作物田间。

5．植物生物学特征

一年生草本植物，高30～60 cm，出苗4～5月，花、果期6～7月。

6．传播

经脱落的颖果混入小麦等旱地作物种子传播。

7．检疫和防治

检疫可采用下列方法：（1）产地调查。在小麦和该山羊草的抽穗期，根据山羊草的穗部特征进行鉴别。（2）实验室检验。对调运的旱作种子做抽样检查，每个样品不少于1 kg，按该山羊草果实特征鉴别，计算混杂率。防治可采用以下方法：（1）凡从国外进口的粮食或引进种子，以及国内各地调运的旱地作物种子，要严格检疫，混有山羊草的种子不能播种，应集中处理并销毁，杜绝传播。（2）在山羊草发生地区，应调换没有山羊草混杂的种子播种。麦收前进行田间选择，选出的山羊草植株集中处理并销毁。有山羊草发生的麦田，可在山羊草抽穗时彻底将其销毁，连续进行 2 ～ 3 年，即可根除。（3）可在小麦收获后进行一次秋耕，将山羊草籽翻到土表，促使当年萌芽，在冬季冻死。（4）发生山羊草的麦田与玉米、高粱、甜菜等中耕作物轮作，防治效果很好。

二、节节麦

图 7.2　节节麦

1．分类地位

节节麦（*Aegilops squarrosa* L.）属禾本科（Gramineae），早熟禾亚科（Pooideae），山羊草属（Aegilops）。

2．分布

节节麦起源于亚洲西部，现在在中国已经分布于陕西、河南、山东、江苏等地。生长在荒芜草地或麦田中。

3．为害情况

节节麦有它自身的发生特点，生命力强、繁殖快、传播广、防治难，危害较重。

4．植物形态特征

秆高 20～40 cm。叶鞘紧密包茎，平滑无毛而边缘具纤毛；叶舌薄膜质，长 0.5～1 mm；叶片宽约 3 mm，微粗糙，上面疏生柔毛。穗状花序圆柱形，含（5）7～10（13）个小穗；小穗圆柱形，长约 9 mm，含 3～4（5）小花；颖革质，长 4～6 mm，通常具 7～9 脉，或可达 10 脉以上，顶端截平或有微齿；外稃披针形，顶具长约 1 cm 的芒，穗顶部者长达 4 cm，具 5 脉，脉仅于顶端显著，第一外稃长约 7 mm；内稃与外稃等长，脊上具纤毛。花果期 5～6 月。

5．生物学特征

节节麦是禾本科山羊草属一年生草本植物。秆高 20～40 cm。叶鞘紧密包茎，叶片微粗糙，上面疏生柔毛。穗状花序圆柱形，小穗圆柱形，有小花；颖革质，外稃披针形，内稃与外稃等长，脊上具纤毛。5～6 月开花结果。

6. 传播

节节麦以种子繁殖，种子成熟后一部分落在田里，次年萌发，而大部分混杂在小麦等作物籽实中随调运传播。

7. 检疫和预防

节节麦生命力强、繁殖快、传播广、防治难，这就对防治带来了很大的困难，应采用人工防治与化学防治相结合的方法，采取预防为主、综合防治的防治策略。防治采用防止机械带种传播策略，可精选种子，人工拔除，施用腐熟有机肥，深耕灭草，轮作倒茬，化学除草。

三、细茎野燕麦

图 7.3　细茎野燕麦

1．分类地位

细茎野燕麦（*Avena barbata Brot.*）属禾本科 Poaceae（Gramineae），燕麦属（Avena）。

2．分布

分布在法国、希腊、葡萄牙、芬兰、以色列、印度、美国、阿根廷、南非、澳大利亚等地。为地中海沿岸国家常见杂草。

3．为害情况

主要危害麦类、豆类、玉米。野燕麦在田间繁生数量多，易传播，生命力强。生长繁茂，发育快，地上部分苗期比小麦生长慢，从拔节期开始迅速生长，特别在孕穗以后，生长远远超过小麦。高度超过小麦 20 ～ 40 cm。野燕麦茎秆粗壮，分蘖能力强。一般分蘖 2 ～ 5 个。结实能力强，是小麦的 4 ～ 10 倍，有压倒小麦的生长优势，种子在条件不适应时，可长期处于休眠状态。野燕麦的争光、争水、争肥能力强，所以严重影响小麦的产量。因野燕麦具有种子多，成熟期不一致，分蘖力强，出苗期不整齐等特点，故很难防除。

4．植物形态特征

幼苗的芽由芽鞘所包被，叶片近 30 cm 长，7 cm 宽，尖端变细，叶舌膜质，尖端平而光滑。成年植株的茎干直立细弱，高 25 ～ 170 cm，植株簇生，叶片长达 30 cm，宽 8 mm，扁平光滑或几乎无毛，舌叶膜质，长 2 ～ 7 mm，顶端有不规则锯齿，尖锐或平钝。花序为金字塔形纤细松散的圆锥花序，长 20 ～ 30 cm，分支伸向不同的方向，或者多少伸向同一方向。小穗有 2 ～ 3 朵小花，以关节接合在花轴上。颖片的脉纹近乎相等，通常长于像花一样的颖片。具有

2～3个外稃，每个外稃的末端有1～13 mm的芒。颖果，成熟时单个脱落。外稃顶端有2个细长的刚毛，内稃比外稃短2～4 mm，颖片18～30 mm长，5～9条脉纹。带稃颖果长约1.5 cm，黄褐色，密被黄白色长毛，背部具25～50 mm的扭曲长芒，着生于外稃的中部以上。种子基部有椭圆形疤痕。

5．生物学特性

一年生草本植物，可通过果实与种子传播。

6．检疫与防治

检疫可通过以下方法：（1）产地调查。在小麦和野燕麦的抽穗期，根据野燕麦的穗部特征进行鉴别，记载有无毒麦发生和毒麦的混杂率。（2）实验室检验。对调运的旱作种子做抽样检查，每个样品不少于1 kg，按照野燕麦籽粒特征鉴别，计算混杂率。防治可通过以下方法：（1）凡从国外进口的粮食或引进种子，以及国内各地调运的旱地作物种子，要严格检疫，混有野燕麦的种子不能播种，应集中处理并销毁，杜绝传播。（2）在野燕麦发生地区，应调换没有野燕麦混杂的种子播种。麦收前进行田间选择，选出的种子要单独脱粒和储藏。有野燕麦发生的麦田，可在野燕麦抽穗时彻底将它销毁，连续进行2～3年，即可根除。（3）北方可在小麦收获后进行一次秋耕，将野燕麦籽翻到土表，促使当年萌芽，在冬季冻死。（4）发生野燕麦的麦田与玉米、高粱、甜菜等中耕作物轮作，防治效果很好。（5）化学防治可用禾草灵、燕麦枯、燕麦畏等除草剂。

四、法国野燕麦

1. 分类地位

法国野燕麦（Avena ludoviciana Durien）属禾本科（Gramineae），燕麦属（Avena）。

图 7.4　法国野燕麦

2. 分布

分布在美国、墨西哥、巴西、阿根廷、智利、乌拉圭、俄罗斯、德国、葡萄牙、巴基斯坦、印度、斯里兰卡、阿富汗、黎巴嫩、摩洛哥、南非、澳大利亚等国。属田间恶性杂草。

3．为害情况

属农田带刺恶性杂草，危害小麦等冬季作物。

4．植物形态特征

一年生草本。小穗含 2～3 小花；外稃背部具扭曲长芒，但第三小花无芒。小穗成熟后整体脱落。带稃颖果长约 1.5 cm，暗褐色，被毛。

5．生物学特征

法国野燕麦起源于欧洲和地中海地区，是极具危险性的田间恶性杂草，其生命力、竞争力及生态可塑性都很强，传播途径多，繁殖系数大，在发生区容易形成单一群落，降低了自然生态系统的稳定性和物种多样性，常常造成严重的经济损失和景观破坏。是我国禁止进境的检疫性杂草。可通过刺苞挂在农作物及衣物、毛皮上进行传播。

6．检疫和防治

一般通过直接观察法和过筛法，对相关的植物、植物产品及其他检疫物实施严格的现场检验和实验室检测，特别注意其种子。若发现该有害生物，及时进行除害处理。

五、不实野燕麦

1．分类地位

不实野燕麦（*Avena sterilis* L.）属被子植物门（Angiophyta），禾本科（Gramineae），燕麦属（Avena）。

图 7.5 不实野燕麦

2．分布

分布于俄罗斯、日本、缅甸、印度、巴基斯坦、斯里兰卡、阿富汗、阿尔及利亚、沙特阿拉伯、肯尼亚、马耳他、摩洛哥、南非、埃及、埃塞俄比亚、法国、希腊、意大利、葡萄牙、突尼斯、土耳其、英国、美国、澳大利亚、克里特岛、秘鲁、阿根廷、新西兰等国家及地区。生长于山坡草地、路旁及农田中。种子在条件不适应时，可长期处于休眠状态。

3．为害情况

不实燕麦隶属禾本科燕麦属，是一种极具危险性的田间恶性杂草，可为害麦类、豆类及玉米、葡萄、橄榄树等作物，造成其作物产量和品质下降。在田间繁生数量多，易传播，生命力强，生长繁茂，发育快，地上部分苗期比小麦生长慢，从拔节期开始迅速生长，特别在孕穗以后，生长远远超过小麦。高度超过小麦 20～40 cm。野燕麦茎秆粗壮，分蘖能力强。一般分蘖 2～5 个。结实能力强，是小麦的 4～10 倍，有压倒小麦的生长优势，种子在条件不适应时可长期处于休眠状态。野燕麦的争光、争水、争肥能力强，所以严重影响小麦的产量。野燕麦具有种子多，成熟期不一致，分蘖力强，出苗期不整齐等特点，很难根除。

4．植物形态特征

一年生草本植物，植株高达 80～220 cm。幼苗的叶鞘圆柱形，叶舌平截，长约 8 mm；叶长约 60 cm，是叶宽的 20～50 倍，叶片或多或少被有软毛，舌叶膜状，有锯齿，叶耳缺失。成年植株的茎红色、株高：80～150 cm，丛生，直立，下部叶片较宽且有软毛（3～5 mm），叶缘常有纤毛。圆锥花序，长约 30 cm、宽约 20 cm；花绿色，微带红色，着生于分散状直立或稍有弯曲的圆锥花序上，小穗状花序水平或松垂，30～40 mm 长，生有 3～4 朵花，颖片远远长于稃片。小穗中各小花不分离，颖果在成熟时随整个小穗脱落。带稃颖果长约 2.5 cm，密被褐色至暗褐色长毛，外稃背部具膝曲长芒、扭转、暗褐色。

5．生物学特征

不实野燕麦是一年禾本科燕麦属草本植物，株高 60～150 cm，丛生，直立，下部叶片较宽且有软毛，叶缘常有纤毛。花绿色，微带红色，着生于分散状直立或稍有弯曲的圆锥花序上，结颖果，颖果在成熟时随整个小穗脱落。可通过种子传播。

6．检疫和防治

检疫方法如下，（1）产地调查。在小麦的抽穗期，根据该野燕麦的特征进行鉴别。（2）实验室检验。对调运的种子做抽样检查，每个样品不少于 1 kg，按该野燕麦籽粒特征鉴别，计算混杂率。防治有以下方法，（1）凡从国外进口的配合或引进种子，以及国内各地调运的旱地作物种子，要严格检疫，混有野燕麦的种子不能播种。应集中处理销毁，杜绝传播。（2）在野燕麦发生地区，应选择没有野燕麦籽粒的种子播种。麦收前进行田间选种，选出的种子要脱粒和储藏。有野燕麦发生的麦田，可在野燕麦抽穗时彻底将其销毁。连续进行 2 ～ 3 年，即可根除。（3）可在小麦收获后进行一次软耕，将野籽翻到土表，促使当年菊芽在冬季冻死。（4）发生野燕麦的麦田与玉米、高粱、甜菜等作物轮作，防治效果很好。（5）化学防治可用禾草灵，燕麦枯，燕麦斩等除草剂。

六、宽叶高加利

1．分类地位

宽叶高加利（*Caucalis latifolia* L.）属伞形科（Apiaceae），欧芹属（Caucalis）。

图 7.6　宽叶高加利

2．分布与为害

主要分布于我国东北各省。中亚和俄罗斯西伯利亚地区、土耳其也有分布。属于温带、亚寒带植物，主要生长在田野。与栽培植物争夺水、肥、光照。

3．植物形态特征

二年生草本，高 40 ～ 80 cm，被稀疏红褐色棒状突起，植株下部有倒生单毛。茎直生，上部分枝。基生叶与下部茎生叶长 1 ～ 2.5 cm，宽 4.5 ～ 5 mm，大头羽状全裂，顶端裂片长圆形或三角状长圆形，长 8 ～ 12 cm，有的有波状齿，侧裂片水平展开或向下展开，披针形，叶柄长 2～8.5 cm，中、上部茎生叶披针形，长 3.5～13 cm，不裂，具深波状齿或近全缘。花序伞房状，果期极伸长；花黄色。短角果卵形，长 6～8 mm，宽 3～4 mm。种子球形，直径约 3 mm。4．生物学特征。宽叶高加利是一种一年生草本植物，双悬果的分果瓣狭长椭圆形，平凸状，黄褐色，长 8 mm，宽 3 mm（不包括刺长）。通过具棘刺的果实（即种子）传播。

5．检疫和预防

检疫方法包括如下几种，（1）产地调查。在宽叶高加利生长期，根据其形态特征进行鉴别。（2）实验室检验。对调运的旱作或湿地作物种子进行抽样检查，每个样品不少于 1 kg，按照宽叶高加利双悬果特征鉴别，计算混杂率。防治在宽叶高加利发生地区进行，应调换没有宽叶高加利混杂的种子播种。有宽叶高加利发生的地方，可在开花时将其销毁，连续进行 2～3 年，即可根除。

七、蒺藜草（非中国种）

1．分类地位

蒺藜草（*Cenchrus* spp., non-Chinese species）属被子植物门（Angiophyta），单子叶植物纲（Monocotyledons），禾本科（Gramineae），蒺藜草属（Tribulus）。

2．分布

原产地为美洲的热带和亚热带地区，现在在中国福建、台湾、广东、香港、广西和云南南部等地有分布，日本、印度、缅甸、巴基斯坦也有分布。多生长于干热地区临海的砂质土草地。

图 7.7　蒺藜草（非中国种）

3．为害情况

蒺藜草是花生、甘薯等多种作物田地和果园中的一种为害严重的杂草，入侵后降低生物多样性；还可成为热带牧场中的有害杂草。蒺藜草侵入裸露的或新开垦的土地后，能很快扩充占领空隙，蒺藜草刺苞可刺伤人和动物的皮肤，混在饲料或牧草里能刺伤动物的眼睛、口和舌头。刺苞具多数微小的倒刺，可附着在衣服、动物皮毛和货物上传播，种子常在刺苞内萌发。

4．植物形态特征

蒺藜草是一年生草本植物，须根较粗壮，秆高约 50 cm，基部膝曲或横卧地面而于节处生根，下部节间短且常具分枝。叶鞘松弛，压扁具脊，上部叶鞘背部具密细疣毛，近边缘处有密细纤毛，下部边缘多数为宽膜质无纤毛。叶舌短小，具长约 1 mm 的纤毛。叶片线形或狭长披针形，质较软，长 5 ～ 20 cm，宽 4 ～ 10 m，上面近基部疏生长约 4 mm 的长柔毛或无毛。总状花序直立，长 4 ～ 8 cm，宽约 1 cm；花序主轴具棱粗糙；刺苞呈稍扁圆球形，长 5 ～ 7 mm，宽与长近相等，刚毛在刺苞上轮状着生，具倒向粗糙，直立或向内反曲，刺苞背部具较密的细毛和长绵毛，刺苞裂片于 1/3 或中部稍下处连合，边缘被平展较密长约 1.5 mm 的白色纤毛，刺苞基部收缩呈楔形，总梗密具短毛，每刺苞内具小穗 2 ～ 4（～ 6）个，小穗椭圆状披针形，顶端较长渐尖，含 2 小花；颖薄质或膜质，第一颖三角状披针形，先端尖，长为小穗的 1/2，具 1 脉；第二颖长为小穗的 3/4 ～ 2/3，具 5 脉；第一小花雄性或中性，第一外稃与小穗等长，具 5 脉，先端尖，其内稃狭长，披针形，长为其第一外稃 2/3，第二小花两性，第二外稃具 5 脉，包卷同质的内稃，先端尖，成熟时质地渐变硬；鳞被缺如；花药长约 1 mm，顶端无毫毛；柱头帚刷状，长约 3 mm。颖果椭圆状扁球形，长 2 ～ 3 mm，背腹压扁，种脐点状，胚为果长的 2/3 ～ 1/2。花果期夏季。

5．生物学特征

一年生草本，在潮湿的热带地方终年都开花。常生于低海拔的耕地、荒地、牧场、路旁、草地、沙丘、河岸和海滨沙地，能耐受反复修剪。常与龙爪茅（*Dactyloctenium aegyptiacum*）、四生臂形草（*Brachiaria subquadripara*）、牛筋草（*Eleusine indica* (L.)Gaertn）等伴生，偶见于路边。耐干旱，在海南西南部、年降雨量约为 1000 mm 的海滨砂土上生长良好。蒺藜草用种子繁殖，但由于其刺苞较紧密，很难将种子脱离出来，故播种时常连同刺苞一起直接播下。

6. 检疫和预防

危害度低于 15% 的入侵地块，通过补播牧草生物抑制少花蒺藜草扩散。危害度 16% ～ 50% 的入侵地块，采用化学防治和物理防治模式，即先点喷除草剂进行化学防治，然后于少花蒺藜草种子成熟前进行刈割清穗处理。危害度 50% ～ 80% 的入侵地块，采用生物防治和化学防治模式，即先采取人工补播豆科牧草，待成苗后，选用除草剂进行化学防治。危害度大于 80% 的大面积入侵地块，采用物理防治和生物防治模式，即采取条带式耕翻，并补播多年生牧草进行防控。

八、菟丝子

1. 分类地位

菟丝子（Cuscuta spp.）属被子植物门（Angiospermae），双子叶植物纲（Dicotyledons），旋花科（Convolvulaceae），菟丝子属（Cuscuta）。

2. 分布

分布在亚洲的中国、朝鲜和大洋洲的澳大利亚。生于海拔 200 ～ 3000 米的田边、山坡阳处、路边灌丛或海边沙丘，通常寄生于豆科、菊科、藜科等多种植物上。

图 7.8　硬雀麦

3．为害情况

菟丝子是一年生攀缘性的草本寄生性种子植物，园林植物受其寄生危害，轻则影响植物生长和观赏效果，重则致植物死亡。

4．植物形态特征

一年生寄生草本。茎缠绕，黄色，纤细，直径约 1 mm，无叶。花序侧生，少花或多花簇生成小伞形或小团伞花序，近于无总花序梗；苞片及小苞片小，鳞片状；花梗稍粗壮，长仅 1 mm 许；花萼杯状，中部以下连合，裂片三角状，长约 1.5 mm，顶端钝；花冠白色，壶形，长约 3 mm，裂片三角状卵形，顶端锐尖或钝，向外反折，宿存；雄蕊着生花冠裂片弯缺微下处；鳞片长圆形，边缘长流苏状；子房近球形，花柱2，等长或不等长，柱头球形。蒴果球形，直径约3 mm，几乎全为宿存的花冠所包围，成熟时整齐的周裂。种子2～49，淡褐色，卵形，长约1 mm，表面粗糙。

5．生物学特征

菟丝子喜高温湿润气候，对土壤要求不严，适应性较强。野生菟丝子常见于平原、荒地、坟头、地边以及豆科、菊科、蓼科、藜科等植物地内。遇到适宜寄主就缠绕在上面，在接触处形成吸根伸入寄主，吸根进入寄主组织后，部分组织分化为导管和筛管，分别与寄主的导管和筛管相连，自寄主吸取养分和水分。菟丝子一旦幼芽缠绕于寄主植物体上，生活力极强，生长旺盛，最喜寄生于豆科植物上。通过种子传播。

6．检疫和防治

防治菟丝子应以人工铲除结合药剂防治，具体应抓好下述环节。（1）加强栽培管理。结合苗圃和花圃管理，于菟丝子种子未萌发前进行中耕深埋，使之不能发芽出土，一般埋于3 cm以下便难于出土。（2）人工铲除。春末夏初检查苗圃和花圃，一经发现立即铲除，或连同寄生受害部分一起剪除，由于其断茎有发育成新株的能力，故剪除必须彻底，剪下的茎段不可随意丢弃，应晒干并烧毁，以免再传播。在菟丝子发生普遍的地方，应在种子未成熟前彻底拔除，以免成熟种子落地，增加翌年侵染源。

防治方法有以下几种，（1）喷药防治。在菟丝子生长的5～10月间，于树冠喷施6%的草甘膦水剂200～250倍液，5～8月用

200 倍，9 ～ 10 月气温较低时用 250 倍，施药宜掌握在菟丝子开花结籽前进行。也可用敌草腈 0.25 千克 / 亩，或鲁保 1 号 1.5 ～ 2.5 千克 / 亩，或 3% 的五氯酚钠，或 3% 二硝基酚防治。最好喷 2 次，隔 10 天喷 1 次。

九、紫茎泽兰

图 7.9　紫茎泽兰

1. 分类地位

紫茎泽兰（*Eupatorium adenophorum* Spreng.）属被子植物门（Angiospermae），双子叶植物纲（Dicotyledons），桔梗目（Campanulales），菊科（Asteraceae）。

2．分布

分布在美洲的美国和大洋洲的澳大利亚。生长在干旱、瘠薄的荒坡隙地，甚至石缝和楼顶上都能生长。

3．为害情况

紫茎泽兰对畜牧生产的危害，表现为侵占草地，造成牧草严重减产。天然草地被紫茎泽兰入侵 3 年就失去放牧利用价值，常造成家畜误食中毒死亡。紫茎泽兰入侵农田、林地、牧场后，与农作物、牧草和林木争夺肥、水、阳光和空间，并分泌克生性物质、抑制周围其他植物的生长，对农作物和经济植物产量、草地维护、森林更新有极大影响。紫茎泽兰对土壤养分的吸收性强，能极大地损耗土壤肥力。另外，紫茎泽兰对土壤可耕性的破坏也较为严重。植株能释放多种化感物质，排挤其他植物生长，常常大片发生，形成单优种群，破坏生物多样性，破坏园林景观，影响林业生产。紫茎泽兰植株内含有芳香和辛辣化学物质和一些尚不清楚的有毒物质，其花粉能引起人类过敏性疾病。

4．植物形态特征

紫茎泽兰是多年生草本或成半灌木状植物。根茎粗壮发达，直立，株高 30 ～ 200 cm，分枝对生、斜上，茎紫色、被白色或锈色短柔毛。叶对生，叶片质薄，卵形、三角形或菱状卵形，腹面绿色，背面色浅，两面被稀疏的短柔毛，在背面及沿叶脉处毛稍密，基部平截或稍心形，顶端急尖，基出三脉，边缘有稀疏粗大而不规则的锯齿，在花序下方则为波状浅锯齿或近全缘。头状花序小，直径可达 6 mm，在枝端排列成复伞房或伞房花序，总苞片三四层，约含 40 ～ 50 朵小花，管状花两性，白色，花药基部钝。籽实瘦果，黑褐色。每株可年产瘦果 1 万粒左右，藉冠毛随风传播。花期 11 月至翌年 4 月，结果期 3～4 月。

5. 植物生物学特征

紫茎泽兰具有长久性土壤种子库；是强入侵性物种，具有高繁殖系数、生化感应作用、耐贫瘠和解磷解氮作用；传播途径多，有风媒传播、流水传播、动物传播、车载传播等。生命力强，适应性广，化感作用强烈，易成为群落中的优势种，甚至发展为单一优势群落。根状茎发达，可依靠强大的根状茎快速扩展蔓延。适应能力极强。通过种子传播。

6. 检疫和防治

在秋冬季节，人工挖除紫茎泽兰全株，集中晒干烧毁。此方法适用于经济价值高的农田、果园和草原草地。在人工拔除时注意防止土壤松动，以免引起水土流失。人工除治可以达到控制紫茎泽兰传播，据调查，9～10 月割除的紫茎泽兰新萌植株异年开花结实较少或没有开花结实，有效地控制紫茎泽兰高度，一般割除后由于萌生植株较多，紫茎泽兰种内竞争较大，植株普遍偏小和变矮。生物防治可起到植物的替代控制作用，利用柠檬桉、皇竹草、臂形草、红三叶草、狗牙根等植物进行替代控制，作为替代植物来抑制紫茎泽兰的生长。生物防除可利用泽兰实蝇、旋皮天牛和某些真菌有效控制紫茎泽兰的生长。泽兰实蝇对植株生长有明显的抑制作用，野外寄生率可达50% 以上。泽兰实蝇属双翅目，实蝇科，具有专一寄生紫茎泽兰的特性，卵产在紫茎泽兰生长点上，孵化后即蛀入幼嫩部分取食，幼虫长大后形成虫瘿，阻碍紫茎泽兰的生长繁殖，削弱大面积传播危害；旋皮天牛在紫茎泽兰根颈部钻孔取食，造成机械损伤而致全株死亡；泽兰尾孢菌、飞机草链格孢菌、飞机草绒孢菌、叶斑真菌等可以引起紫茎泽兰叶斑病，造成叶子被侵染，失绿，生长受阻。化学除害是在农田作物种植前，每亩田用 41% 草甘膦异丙胺盐水剂 360～400 g，兑水 40～60 kg，均匀喷雾；松林每亩用 70% 嘧磺隆可溶性粉剂 15～30 g，兑水 40～60 kg，均匀喷雾；荒坡、公路沿线等，每亩用 24% 毒莠定水剂 200～350 g，兑水 40～60 kg，均匀喷雾；草地、果园中的紫茎泽兰用草甘膦进行防治，慎用甲嘧磺隆。2,4-D、草甘膦、敌草快、麦草畏等 10 多种除草剂对紫茎泽兰地上部分有一定的控制作用，但对其根部防治效果较差。化学防治时，选择晴朗天气，雾滴不要漂移到作物上，同时在施药区插上警示牌，避免造成人、畜中毒或其他意外。

十一、飞机草

1．分类地位

飞机草（*Eupatorium odoratum* L.）属被子植物门（Angiospermae），双子叶植物纲（Dicotyledons），桔梗目（Campanulales），菊科（Asteraceae）。

2．分布

分布在原产地美洲，在亚洲中国也有。生长在低海拔的丘陵地、灌丛中及稀树草原上。但多见于干燥地、森林破坏迹地、垦荒地、路旁、住宅及田间。

3. 为害情况

飞机草是危害特别严重的外来入侵物种之一，也是世界公认的恶性有毒杂草。它能分泌感化物质，排挤本地植物，使草场失去利用价值，影响林木生长和更新。同时，它的叶有毒素，含香豆素类的有毒化合物，能够引起人的皮肤炎症和过敏性疾病，误食嫩叶会引起头晕、呕吐，家禽、家畜和鱼类误食也会引起中毒。

图 7.10　飞机草

4. 植物形态特征

飞机草是多年生草本植物，根茎粗壮，横走。茎直立，高 1～3 m，苍白色，有细条纹；分枝粗壮，常对生，水平射出，与主茎成直角，少有分披互生而与主茎成锐角的；全部茎枝被稠密黄色茸毛或短柔毛。叶对生,卵形、三角形或卵状三角形,长 4～10 cm,宽 1.5～5 cm,质地稍厚,有叶柄,柄长 1～2 cm,上面绿色,下面色淡,两面粗涩,被长柔毛及红棕色腺点,下面及沿脉的毛和腺点稠密,基部平截或浅心形或宽楔形,顶端急尖,基出三脉,侧面纤细,在叶下面稍突起,边缘有稀疏的粗大而不规则的圆锯齿或全缘或仅一侧有锯齿或每侧各有一个粗大的圆齿或三浅裂状,花序下部的叶小,常全缘。头状花序多数或少数在茎顶或枝端排成伞房状或复伞房状花序,花序径常 3～6 cm,少有 13 cm 的。花序梗粗壮,密被稠密的短柔毛。总苞圆柱形,长 1 cm,宽 4～5 mm,约含 20 个小花;总苞片 3～4 层,覆瓦状排列,外层苞片卵形,长 2 mm,外面被短柔毛,顶端钝,向内渐长,中层及内层苞片长圆形,长 7～8 mm,顶端渐尖;全部苞片有三条宽中脉,麦秆黄色,无腺点。花白色或粉红色,花冠长 5 mm。瘦果黑褐色,长 4 mm,5 棱,无腺点,沿棱有稀疏的白色贴紧的顺向短柔毛。花果期 4～12 月。

5. 生物学特征

靠带冠毛的瘦果进行有性繁殖。依靠空气传播

6. 检疫和防治

物理方法是在飞机草幼苗期人工或使用机械铲除。或在开花前挖除全株,晒干烧毁。化学方法有以下两种,一是荒地、果园、茶园、桑园,在飞机草苗期,每亩使用 410 g/L 草甘膦水剂 200 mL,兑水 30 L 喷雾,对残存的植株进行补喷;二是禾谷类作物田,在飞机草幼苗期,每亩使用 200 g/L 二甲四氯水剂 300 mL 或 240 g/L 氨氯吡啶酸乳油 200 mL,兑水 30 L,叶面喷施。生态防治可以在裸地上种

植禾本科牧草和多年生豆科牧草。或从云南引进泽兰食蝇放飞。

十二、齿裂大戟

1. 分类地位

齿裂大戟（*Euphorbia dentata* Michx.）属被子植物门（Angiospermae），双子叶植物纲（Dicotyledons），大戟目（Euphorbiales），大戟科（Euphorbiaceae）。

图 7.11　齿裂大戟

2．分布

原分布北美，现中国已分布。齿裂大戟是喜光的阳性植物，生于杂草丛、路旁及沟边。

3．为害情况

1976 年在我国北京市采集到该植株标本。在中国科学院植物研究所植物园成为繁殖甚快的杂草。该植物在中科院植物园长势凶猛，具有明显扩散的迹象。2012 年，湖南长沙、河北石家庄及保定周边地区有齿裂大戟的新报道。

4．植物形态特征

一年生草本，根纤细，长 7 ～ 10 cm，直径 2 ～ 3 mm，下部多分枝。茎单一，上部多分枝，高 20 ～ 50 cm，直径 2 ～ 5 mm，被柔毛或无毛。叶对生，线形至卵形，多变化，长 2 ～ 7 cm，宽 5 ～ 20 mm，先端尖或钝，基部渐狭；边缘全缘、浅裂至波状齿裂，多变化；叶两面被毛或无毛；叶柄长 3 ～ 20 mm，被柔毛或无毛；总苞叶 2 ～ 3 枚，与茎生叶相同；伞幅 2 ～ 3，长 2 ～ 4 cm；苞叶数枚，与退化叶混生。花序数枚，聚伞状生于分枝顶部，基部具长 1 ～ 4 mm 短柄；总苞钟状，高约 3 mm，直径约 2 mm，边缘 5 裂，裂片三角形，边缘撕裂状；腺体 1 枚，两唇形，生于总苞侧面，淡黄褐色。雄花数枚，伸出总苞之外；雌花 1 枚，子房柄与总苞边缘近等长；子房球状，光滑无毛；花柱 3，分离；柱头两裂。蒴果为扁球状，长约 4 mm，直径约 5 mm，具 3 个纵沟；成熟时分裂为 3 个分果片。种子卵球状，长约 2 mm，直径 1.5 ～ 2 mm，黑色或褐黑色，表面粗糙，具不规则瘤状突起，腹面具一黑色沟纹；种阜盾状，黄色，无柄。花果期 7 ～ 10 月。

5．生物学特征

齿裂大戟为异花传粉；种子在适宜条件下具有在不同时间分批次发芽的特点，以防止被一次性彻底根除；齿裂大戟植株被割草机割去顶部后仍可生存，下部叶腋会萌发出很多分支，并快速进入生殖生长期。仍能开花结果产生种子，繁殖后代，以适应经常受人类干扰的生境。通过种子传播，齿裂大戟的种子的传播能力很强。蒴果的果皮薄，成熟后能完全开裂将种子弹射出 3 ～ 5 m 远；种子较小（种子千粒重约 2.9 g），能被风力传播到更远距离。

6．检疫和防治

（1）对种群的增加和扩散趋势以及分布地周围环境的变化进行经常性监控，针对性地制订防控方案。比如中科院植物园的西墙在2010 年以前是封闭的，种子不易随机械弹射或风传出到园外。尽管该植物在西墙下已形成很高的种群密度，但在通往香山的路上仅发现一株，在香山公园尚没有发现该植物的踪迹。2011 年西墙改成了栅栏型，这样西墙下种群的种子很容易弹射出去，威胁到香山及周围的地区。可见有效控制齿裂大戟种子的传播是一条重要措施。（2）采用科学的除草方法。对处于开花期的齿裂大戟亦采取频繁的人工拔除，这样可以使齿裂大戟无法结出种子；对于已经产生种子的植株，拔除时应避免种子散发出去，进行深埋或集中销毁处理。（3）加强宣传教育。向大众宣传齿裂大戟可能造成的危害，发动工作人员对这种植物进行连续多年的人工清除。（4）由于齿裂大戟为喜光的阳性植物，对于河北等地种群较大分布较广的地区，除采取人工拔除、机械铲除等措施相结合进行治理外，花大力气恢复植被，根除其适宜生长的环境，有效遏制其快速扩散。

十三、黄顶菊

图 7.12　黄顶菊

1. 分类地位

黄顶菊［*Flaveria bidentis*（L.）Kuntze］属被子植物门（Angiospermae），双子叶植物纲（Dicotyledons），桔梗目（Campanulales），菊科（Asteraceae）。

2．分布

原产于南美洲巴西、阿根廷等国，扩散到美洲中部、北美洲南部及西印度群岛，后来由于引种等原因而传播到埃及、南非、英国、法国、澳大利亚和日本等地。喜生于荒地，尤其偏爱废弃的厂矿、工地和滨海等富含矿物质及盐分的环境，在靠近河、溪旁的水湿处、峡谷、悬崖、峭壁、陡岸、原野、牧场、弃耕地、街道附近、道路两旁，以及含砾岩或沙了的黏土都能生长。常在靠近码头丢弃的沙子等压舱物和海岸边的荒地上滋生。

3．为害情况

黄顶菊根系发达，最高可以长到 2 m，在与周围植物争夺阳光和养分的竞争中，严重挤占其他植物的生存空间。严重影响其他植物的生长，特别是对绿地生态系统有极大的破坏性，使许多生物灭绝。黄顶菊一旦入侵农田，将威胁农牧业生产及生态环境安全，因此又称为生态杀手。黄顶菊的根能产生一种分泌物，这种分泌物能抑制其他植物的生长。一个地方只要出现一株黄顶菊，不出几年该地就没有其他植物了。黄顶菊一旦入侵到农田里边，对农业将造成难以估量的损失。黄顶菊根系能产生一种化感物质，这种化感物会抑制其他生物生长，并最终导致其他植物死亡。在生长过黄顶菊的土壤里种上小麦、大豆，其发芽能力会变得很低。这也就意味着，如果对黄顶菊不加防治，几年后整个地面很可能就只剩下黄顶菊了，这势必会破坏生物的多样性。黄顶菊的花期长，花粉量大，花期与大多数土著菊科交叉重叠。如果黄顶菊与发生区域内的其他土著菊科植物，产生天然的菊科植物属间杂交，就有可能导致形成新的危害性更大的物种。

4．植物形态特征

黄顶菊为一年生草本植物。植株高低差异很大，株高20～100 cm，条件适应的地段株高可达180～250 cm，最高的可达到3米左右。茎直立、紫色，茎上带短绒毛。叶子交互对生，长椭圆形，长6～18 cm、宽2.5～4 cm，叶边缘有稀疏而整齐的锯齿，基部生3条平行叶脉。主茎及侧枝顶端上有密密麻麻的黄色花序，头状花序聚集顶端密集成蝎尾状聚伞花序，花冠鲜艳，花鲜黄色，非常醒目。生长迅速，枝繁叶茂，11月份后，植株开始干枯。茎直立常带紫色，具有数条纵沟槽。叶交互对生，茎叶多汁近肉质。黄顶菊的种子特别多。一朵花就是一个头状花序。其头状花序多数于主枝及分枝顶端密集成蝎尾状，它是由很多个只有米粒大小的花朵组成，每一朵花可以产生一粒瘦果，无冠毛。一粒果实中有一粒种子，种子为黑色，极小，每粒大小仅1～3.6 mm，但其繁殖力强，每一粒种子都可依托自然力（风、水等）和人类活动传播，扩散蔓延的速度快，遇到适宜的环境迅速生长。黄顶菊结实量多，一株黄顶菊最多可结12万粒种子，花果期夏季至秋季。

5．生物学特征

黄顶菊2001年在中国天津、河北发现。黄顶菊可能是伴随进口种子、谷物进入中国，同时也不能完全排除通过其他途径传入的可能性。据河北沧州观测数据显示，黄顶菊喜光、喜湿、嗜盐，一般于4月上旬萌芽出土，4～8月份为营养生长期，生长迅速，9月中下旬开花，10月底种子成熟，结实量极大，具备入侵植物的基本特征。黄顶菊种子极多、繁殖能力超强。一株黄顶菊大概能开1200多朵花，每朵花能结出上百粒种子。因此如果一株黄顶菊完成一次开花、结籽，就能产十几万粒种子。也就是说，如果一株黄顶菊不被彻底杀死，来年就有可能繁殖出数万株黄顶菊来。一旦大面积入侵农田、牧场和苗圃等，将对农业构成严重威胁。

6．检疫和防治

针对黄顶菊的生理特性，现阶段防治黄顶菊应该主要从以下几个方面入手。（1）开展黄顶菊人普查。各地农业部门应全面摸清黄顶菊的发生和分布情况，对黄顶菊可能发生的重点区域，如废弃的厂矿、工地和滨海、河边、沟渠边、道路两旁等进行细致调查。（2）加强监测、及时上报。各地农业部门在黄顶菊发生地建立观察点，加强监测，及时掌握黄顶菊发生动态，以进一步采取扑灭措施。对于普通公众来说，如在黄顶菊发生及潜在发生地区发现可疑植物，应及时向农业部门报告。（3）严格控制人为传播。由于黄顶菊繁殖能力极强，凡是接触过黄顶菊的人，都要严格检查自身是否具有携带黄顶菊种子以及带有黄顶菊残根残茎泥土，并严格做到不将黄顶菊的种子和带有黄顶菊残根残茎的土壤带到异地。人工拔除需要做到及时发现、及时铲除。4～8月份是黄顶菊营养生长期，也是铲除黄顶菊的最佳时期。对零散分布的黄顶菊我们必须做到及时发现、及时铲除。对成片发生地区，可先割除植株，再耕翻晒根，再拾尽根茬，然后焚烧，做到斩草除根。化学灭草可采用经过试验和筛选的试剂，百草枯和草甘膦两种化学药剂对黄顶菊都有很好的杀灭效果。在黄顶菊苗期阶段适时喷药，可有效防除该草。第一次用药宜在5月中旬，第一次用药后每隔35～40 d再分别进行两次用药物扑杀，用药方法同第一次相同。非农田防治可每亩用 150 mL20% 二甲四氯钠盐水剂加 150 mL48% 苯达松水剂混合，兑水 40 kg 均匀喷雾，可使黄顶菊枯死。或每亩用 1000 mL10% 草甘膦水剂，兑水 40 kg 均匀喷雾，3 天后黄顶菊枝端变黄，7～10 d 后死亡。农田防治可每亩用 50～80 mL25% 虎威水剂，兑水 40～50 kg，防除大豆田和果园的黄顶菊。或每亩用 150 mL20% 二甲四氯钠盐水剂加 150 mL48% 苯达松水剂混合，兑水 40 kg 均匀喷雾，防除豆田和水稻田埂上的黄顶菊。目前黄顶菊主要在荒地落户，采用化学防除后，对一些征而未用的土地，要复耕复种，减少抛荒，既可增加农田面积，又可减少黄顶菊繁衍空间。

十四、毒莴苣

1. 分类地位

毒莴苣（*Lactuca serriola* L.）属被子植物门（Angiospermae），双子叶植物纲（Dicotyledons），菊目（Asterales），菊科（Asteraceae）。

2. 分布

原产于欧洲、中亚，我国主要分布在新疆（塔城、沙湾、昭苏、吐鲁番等地）和辽宁沈阳、陕西西安、云南（昆明、玉溪）以及浙江（杭州、金华、慈溪、淳安）等地，生长于果园、路边、作物农田。

3. 为害情况

此种植物耐旱、耐寒、耐贫瘠，生命力顽强，且人畜误食可能中毒。

4．植物形态特征

根粗壮，具分枝。茎成株红色，无毛。含白色乳汁。株高 30 ～ 180 cm。叶蜡质。长圆状披针形，长 5 ～ 12 cm，宽 1.5 ～ 4 cm，羽状分裂，下部叶片尤为明显，灰绿色。边缘具刺。叶背具白色脉。花径 10 ～ 12 mm，暗黄色，稍带紫色。苞片略带紫色。果实是瘦果紫灰色，外表被硬毛。冠毛白色。

图 7.13　毒莴苣

5．生物学特征

一、二年或多年生草本。多以瘦果的形式混杂于植物原粮、种子及其他植物产品中并随其调运和引种而传播。

6．检疫和防治

在花果期前清理。苗期用百草枯、草甘膦等除草剂防治。

十五、毒麦

图 7.14　毒麦

1．分类地位

毒麦（*Lolium temulentum* L.）属被子植物门（Angiospermae），单子叶植物纲（Monocots），禾本目（Poales），禾本科（Gramineae）。

2. 分布

原分布在欧洲，在中国的分布范围有黑龙江、吉林、辽宁、内蒙古、山东、宁夏、青海、新疆、江苏、江西、湖北、云南、西藏、河北、山西、上海、浙江、湖南、福建、北京、陕西、河南、甘肃、安徽、四川和广东等省（市、自治区）。全国除热带和南亚热带都有可能扩散。生长在低海拔地区田间。

3. 为害情况

毒麦主要混于麦类作物田中生长。它是一种在种子中含有毒麦碱的有毒杂草，人、畜食后都能中毒。因此，毒麦不仅会直接造成麦类减产，而且威胁人、畜安全。其毒性为种子有毒，尤以未熟或多雨潮湿季节收获的毒力为强。小麦中若混有毒麦，人、畜食用含 4% 以上毒麦的面粉即可引起急性中毒。

4. 植物形态特征

越年生或一年生草本。秆成疏丛，高 20～120 cm，具 3～5 节，无毛。

叶鞘长于其节间，疏松；叶舌长 1～2 mm；叶片扁平，质地较薄，长 10～25 cm，宽 4～10 mm，无毛，顶端渐尖，边缘微粗糙。穗形总状花序长 10～15 cm，宽 1～1.5 cm；穗轴增厚，质硬，节间长 5～10 mm，无毛；小穗含 4～10 小花，长 8～10 mm，宽 3～8 mm；小穗轴节间长 1～1.5 mm，平滑无毛；颖较宽大，与其小穗近等长，质地硬，长 8～10 mm，宽约 2 mm，有 5～9 脉，具狭膜质边缘；外稃长 5～8 mm，椭圆形至卵形，成熟时肿胀，质地较薄，具 5 脉，顶端膜质透明，基盘微小，芒近外稃顶端伸出，长 1～2 cm，粗糙；内稃约等长于外稃，脊上具微小纤毛。颖果长 4～7 mm，为其宽的 2～3 倍，厚 1.5～2 mm。花果期 6～7 月。

5．生物学特征

播种至出苗约需 10 d，孕穗至抽穗约 25 d，抽穗至成熟约 30 d，全生育期约 223 d。种子繁殖，幼苗或种子越冬，夏季抽穗。在土内 10 cm 深处尚能出土，在室内贮藏 2 年仍有萌芽力。同期播下的种子，毒麦比小麦出苗迟 5～7 d，但毒麦出土后生长迅速。种子成熟后随颖片脱落，毒麦平均单株落粒率 27.14%。毒麦必须完全成熟，经过冬眠期后，才能充分发芽。从播种到萌芽需 5 d，萌芽势较小麦缓慢。在我国长江中下游麦区，毒麦当年 11 月中旬左右出土，比小麦晚 2～3 d，但出土后生长迅速，12 月中下旬分蘖，翌年 2 月中下旬返青，4 月上旬拔节，4 月末 5 月初抽穗，抽穗期比小麦迟约 5 d，6 月上旬成熟，成熟期比小麦迟 3～8 d。经试验调查，毒麦发育的起点温度为 9℃，有效积温为 15.97 日度，从播种到出苗活动积温为 80 日度。

传播：主要随麦种传播。

6．检疫和防治

通过检疫防止毒麦向新区传播。严格执行检疫制度，对进口粮食及种子，要严格依法实施检验，把疫情拒之门外，一旦发现毒麦必须依有关规定对该批粮食做除害处理。带有疫情的小麦不能下乡，不能做种用，在指定地点进行除害处理加工，下脚料一定要销毁。加强种子的管理及检验，杜绝毒麦在调运过程中扩散传播，建立无植检对象的良种繁殖基地，严格产地检疫。发生过毒麦的麦茬地，可与其他作物经过 2 年以上的轮作，以防除毒麦，统一改换小麦良种，严禁毒麦发生区农户自留小麦种子和相互串换小麦种子，杜绝疫区的小麦种子外流外调，做到全面彻底更换品种。

十六、薇甘菊

图 7.15　薇甘菊

1．分类地位

薇甘菊（*Mikania micrantha* Kunth）属被子植物门（Angiospermae），双子叶植物纲（Dicotyledons），桔梗目（Campanulales），菊科（Asteraceae）。

2．分布

分布在亚洲的印度、孟加拉国、斯里兰卡、泰国、菲律宾、马来西亚、印度尼西亚，大洋洲的太平洋诸岛屿、澳大利亚、巴布亚新几内亚，美洲各国。薇甘菊主要生长在年平均气温 >1℃；平均风速 >2 m/s，有霜日数 <5 d，日最低气温≤ 5℃的日数在 10 d 以内，寒潮较轻、寒露风较轻的地区。在我国北纬 24°以南地区均可能生存，如海南、香港、广东、广西、台湾、福建、湖南、四川、云南、贵州等地的部分地区。

3．为害情况

薇甘菊是多年生藤本植物，在其适生地攀缘缠绕于乔灌木植物，重压于其冠层顶部，阻碍附主植物的光合作用继而导致附主死亡，是世界上最具危险性的有害植物之一。在中国，薇甘菊主要危害天然次生林、人工林，主要对当地 6～8 m 以下的几乎所有树种，尤其对一些郁闭度小的林分危害最为严重。危害严重的乔木树种有红树、血桐、紫薇、山牡荆、小叶榕；危害严重的灌木树种有马缨丹、酸藤果、白花酸藤果、梅叶冬青、盐肤木、叶下珠、红背桂等；危害较重的乔木树种有龙眼、人心果、刺柏、苦楝、番石榴、朴树、荔枝、九里香、铁冬青、黄樟、樟树、乌桕；危害较重的灌木植物有桃金娘、四季柑、华山矾、地桃花、狗芽花等。

4. 植物形态特征

薇甘菊为多年生草质或木质藤本，茎细长，匍匐或攀缘，多分枝，被短柔毛或近无毛，幼时绿色，近圆柱形，老茎淡褐色，具多条肋纹。茎中部叶三角状卵形至卵形，长 4.0～13.0 cm，宽 2.0～9.0 cm，基部心形，偶近截形，先端渐尖，边缘具数个粗齿或浅波状圆锯齿，两面无毛，基出 3～7 脉；叶柄长 2.0～8.0 cm；上部的叶渐小，叶柄亦短。头状花序多数，在枝端常排成复伞房花序状，花序渐纤细，顶部的头状花序花先开放，依次向下逐渐开放，头状花序长 4.5～6.0 mm，含小花 4 朵，全为结实的两性花，总苞片 4 枚，狭长椭圆形，顶端渐尖，部分急尖，绿色，长 2～4.5 mm，总苞基部有一线状椭圆形的小苞叶（外苞片），长 1～2 mm，花有香气；花冠白色，脊状，长 3～3.5mm，檐部钟状，5 齿裂，瘦果长 1.5～2.0 mm，黑色，被毛，具 5 棱，被腺体，冠毛有 32～38 条刺毛组成，白色，长 2～3.5mm。

5. 生物学特征

同种群的薇甘菊其染色体类型不同，有的种群为二倍体，有的为四倍体。薇甘菊从花蕾到盛花约 5 天，开花后 5 天完成受粉，再过 5～7 d 种子成熟，然后种子散布开始新一轮传播，所以生活周期很短。开花数量很大，0.25 m^2 面积内，计有头状花序达 20535～50297 个，合小花 82140～201188 朵，花生物量占地上部分生物量的 38.4%～42.8%。薇甘菊瘦果细小，长椭圆形，亮黑色，具 5 "脊"，先端（底部）一圈冠毛 25～35 条，长 2.5～3.0 mm，种子细小，长 1.2～2.2 mm，宽 0.2～0.5 mm，千粒重 0.0892 g。此外，薇甘菊茎上的节点极易生根，进行无性繁殖。

薇甘菊薇甘菊幼苗初期生长缓慢，在 1 个月内苗高仅为 11 cm，单株叶面积 0.33 cm^2。但随着苗龄的增长，其生长随之加快，其茎节极易出根，伸入土壤吸取营养，故其营养茎可进行旺盛的营养繁殖，而且较种子苗生长要快得多，薇甘菊一个节 1 天生长近 20 cm。在内伶仃岛，薇甘菊的一个节在一年中所分枝出来的所有节的生长总长度为 1007 m。由于其蔓延速度极快，故有些学者称其为一分钟一英里的杂草。

在实验室控制条件下，薇甘菊种子在 25 ～ 30℃萌发率 83.3%，在 15℃萌发率 42.3%，低于 5℃、高于 40℃条件下萌发极差。光照条件下有利于种子萌发，黑暗条件下很难萌发。种子在萌发前可能有一个 10 d 左右的"后熟期"。种子成熟后自然储存 10 ～ 60 d，萌发率较高，贮存时间越长，萌发率越低。种子细小而轻，且基部有冠毛，易借风力、水流、动物、昆虫以及人类的活动而远距离传播，也可随带有种子、藤茎的载体、交通工具传播。

6. 检疫和防治

调运检疫需检查调运的附主植物有无黏附薇甘菊的种子或藤茎。在种子扬飞季节，对来自疫情发生区可能携带种子或藤茎的载体进行检疫。检验及鉴定需根据以下特征，鉴定是否属菊科，包括草本、亚灌木；叶通常互生，全缘或具齿或分裂，无托叶；花整齐或左右对称，五基数，少数或多数密集成头状花序或为短穗状花序，头状花序单生或数个至多数排列成总状、聚伞状、伞房状或圆锥状；子房下位，合生皮 2 枚，1 室，具 1 个直立的胚珠；果为不开裂的瘦果；种子无胚乳，具 2 个，稀 1 个子叶。

头状花序全部为同形的管状花，或有异形的小花，中央花非舌状；植物无乳汁，属管状花亚科。总苞片 4 个，稍不相等；头状花序有 4 个小花；攀缘草本；冠毛毛状，多数，分离，属假泽兰属。在放大 10～15 倍体视解剖镜下检验，根据种的特征和近缘种的比较鉴定是否为薇甘菊。

除害处理可在调运检疫或复检中进行，一旦发现薇甘菊的种子、藤茎应全部检出销毁。

十七、列当

图 7.16　列当

1．分类地位

列当（*Orobanche corulescens* Step.）属被子植物门（Angiospermae），双子叶植物纲（Dicotyledons），管状花目（Tubiflorae），列当科（Orobanchaceae）。

2．分布

列当常寄生于蒿（*Artemisia* L.）植物的根上；生于砂丘、山坡及沟边草地上，海拔 850～4000 m。广泛分布在中国东北、华北、西北地区以及山东、湖北、四川、云南和西藏。亚洲朝鲜、日本及中亚地区，俄罗斯的高加索和西伯利亚地区也广泛分布。

3．为害情况

（1）伤害植株生长。列当有效地伤害植物生长，不能制造有机物，不能够利用土中的无机物来促进植物的生长，会吸取更多营养成分，使受害植株矮化，降低这个植物的生长率。（2）使植物枯黄。列当可使植物变得更加的枯黄，使植物来的枯萎状况变得更加严重。（3）降低植株生长速度。列当可降低植株生长速度，严重影响植物吸收各种营养元素，起到抢夺肥料的作用。

4．植物形态特征

列当全株密被蛛丝状长绵毛。茎直立，不分枝，列当具明显的条纹，基部常稍膨大。叶干后黄褐色，卵状披针形，长 1.5～2 cm，宽 5～7 mm，连同苞片和花萼外面及边缘密被蛛丝状长绵毛。花多数，排列成穗状花序，长 10～20 cm，顶端钝圆或呈锥状；苞片与叶同形并近等大，先端尾状渐尖。花萼长 1.2～1.5 cm，2 深裂达近基部，每裂片中部以上再 2 浅裂，小裂片狭披针形，长 3 ～ 5 mm，先端长尾状渐尖。花冠深蓝色、蓝紫色或淡紫色，长 2 ～ 2.5 cm，筒部在花丝着生处稍上方缢缩，口部稍扩大。上唇 2 浅裂，极少顶端微凹，下唇 3 裂，裂片近圆形或长圆形，中间的较大，顶端钝圆，边缘具不规则小圆齿。雄蕊 4 枚，花丝着生于筒中部，长约 1 ～ 1.2 cm，基部略增粗，常被长柔毛，花药卵形，长约 2 mm，无毛。雌蕊长 1.5 ～ 1.7 cm，子房椭圆体状或圆柱状，花柱与花丝近等长，常无毛，柱头常 2 浅裂。蒴果卵状长圆形或圆柱形，干后深褐色，长约 1 cm，直径 0.4 cm。种子多数，干后黑褐色，不规则椭圆形或长卵形，长约 0.3 mm，直径 0.15 mm，表面具网状纹饰，网眼底部具蜂巢状凹点。花期 4 ～ 7 月，果期 7 ～ 9 月。

5. 生物学特征

列当是寄生杂草，没有绿叶，不能制造有机物，没有根，不能利用土中的无机物，代替根生长的是吸盘，借吸盘吸取栽培作物的汁液而生活。每根花茎结 30 ～ 40 个左右蒴果，每个蒴果可结 1000 ～ 2000 粒微小的种子。种子落入地里以后，接触到寄主植物的根，寄主植物根部的分泌物即促使列当种子发芽。在没有寄主植物的情况下，种子能在土壤中生存，保持发芽力 5 ～ 10 年。种子长出的幼苗深入寄主植物的根内，形成吸盘，在根外发育成膨大部分，并由此长出花茎，而从下面发生大量附生的吸盘。在一株寄主植物上往往能发育出几十根花茎，并且它们不受任何时间限制，只要温湿度适宜，即可在整个生长期内发生。在除草时被拔掉的花茎虽不复再生，但残留下来的地下部分，仍能继续寄生为害。在条件适宜时，7 月上旬到 10 月上旬，种子萌发出土，天天出现幼苗，从出土至种子成熟约需 30 天左右。每株列当的现蕾、开花及结实期参差不齐，同一株列当有的下部在开花，而上部在孕蕾，或者下部结实，中部开花，而上部还在孕蕾。种子是自下而上顺序成熟的。列当以种子进行繁殖和传播。种子多，非常微小，易黏附在作物种子上，随作物种子调运进行远距离传播，也能借助风力、水流或随人、畜及农机具传播。

6．检疫和防治

检疫包括以下方法，（1）产地调查。在生长期，根据列当各种形态特征进行鉴别。（2）实验室检验。采取筛检对从国外进口的植物种子和国内调运的种子进行抽样检查，每个样品不少于 1 公斤，主要通过对所检种子进行过筛检查，并按列当种子的各种特征用解剖镜进行鉴别，计算混杂率。

防治方法包括以下几种，（1）严格检疫，严禁随意调运向日葵种子，防止列当蔓延。（2）因地制宜选种抗病品种。（3）轮作倒茬。提倡对重茬、镟茬地实行 6 ～ 7 年轮作倒茬。（4）加强田间管理。在列当出土盛期和结实前及时中耕锄草 2 ～ 3 次，开花前要连根拔除或人工铲除并将其烧毁或深埋；收获后及时深翻整地。（5）药剂防治。用 0.2% 的 2, 4-D 丁酯水溶液，喷洒于列当植株和土壤表面，每 667 m^2 用药液 300 ～ 350 L，8 ～ 12 d 后可杀列当 80% 左右。但必须注意，向日葵的花盘直径普遍超过 10 cm 时，才能进行田间喷药，否则易发生药害。在向日葵和豆类间作地不能施药，因豆类易受药害死亡。

十八、臭千里光

1．分类地位

臭千里光（*Senecio jacobaea* L.）属被子植物门（Angiospermae），双子叶植物纲（Dicotyledons），菊目（Asterales），菊科（Asteraceae）。

2．分布

分布在欧洲、美洲和大洋洲的大部分国家，在中国黑龙江省低湿地区也有分布。

3．为害情况

蔓延迅速，割后可再生。破坏牧草场地。全草有毒，毒害牲畜。种子对人有毒。

4．植物形态特征

瘦果圆柱状（边花果稍弯曲），长 2～2.4 mm，宽 0.6～0.7 mm，顶端截平，衣领状环薄而窄，中央具短小的残存花柱，长不超过衣领状环，冠毛不存在。果皮灰黄褐色，具 7～8 条宽纵棱，棱间有细纵沟（新花果宽纵棱粗糙，纵沟不明显，并被短柔毛），表面无光泽。果脐小，圆形，凹陷，位于果实的基端。果内含 1 粒种子。种子无胚乳，胚直生。

5．生物学特征

一年生草本，高 30～80 cm，花、果期 4～8 月。通过瘦果传播。

图 7.17 臭千里光

6. 检疫和防治

在臭千里光生长期，根据其形态特征进行产地调查鉴别。对调运的旱作种子进行抽样检查，每个样品不少于 1 kg，按照臭千里光种子特征鉴别，计算混杂率。在臭千里光发生地区，应采用没有臭千里光混杂的种子播种。有臭千里光发生的地方，可在开花时将它销毁，连续进行 2～3 年，即可根除。

十九、北美刺龙葵

1. 分类地位

北美刺龙葵（Solanum carolinense L.）属被子植物门（Angiospermae），

双子叶植物纲（Dicotyledons），茄目（Solanales），茄科（Solanaceae）。

图 7.18　北美刺龙葵

2．分布

分布美国伊利诺伊州、马萨诸塞州、佛罗里达州和德克萨斯州。可生长在田野、花园和废地，尤其是具有沙质土壤的地方。

3．为害情况

该植物蔓延快、生命力强。主要侵害种植花卉和蔬菜的花园和果园。

全植株有毒，能引起牲畜中毒。

4．植物形态特征

多年生草本植物，整个植株高 30 ～ 100 cm，直立。茎（下胚轴）矮，绿色偏紫。覆盖有短而硬、微下垂、披散的毛。茎为绿色，老后变为紫色。茎在近顶端分支，并有分散、坚硬、尖锐的刺。茎分支或不分支，具毛，多刺。子叶呈长椭圆形，叶片上表面光滑绿色，下表面浅绿色，两面都很光滑。边缘有短短的腺毛。中部的导管在上表面凹下，在下表面成脊状微微突起。沿主脉有锯齿状叶片上表面暗绿色，下表面浅绿色。老叶的上表面稀疏的覆有未分支，星形的毛。叶柄上表面扁平，覆有星形毛，叶片轮生，椭圆形或卵形。第一对叶片上表面有稀疏毛，其次的叶片边缘呈波浪形或深裂，表面有毛和刺。叶片长 1.9 ～ 14.4 cm，0.4 ～ 8 cm 宽。花白色到浅紫，星形 5 裂，约 2.5 cm 长，生于上部枝条末端和边缘的分支上，丛生，一簇上可长有几朵或多朵白色、紫色或蓝色的花。萼片 2 ～ 7 mm 长，表面常具有小刺，花瓣卵形、分裂，直径可达 3 cm。花药直立，长度为 6 ～ 8 mm。果实为浆果，多汁，球形，直径为 9 ～ 15 mm，夏末和秋季成熟。光滑，成熟时为黄色到橘色，表面有皱纹。含有大量种子。花期从 5 月到 9 月。种子直径为 1.5 ～ 2.5 mm。

5．生物学特征

多年生直立草本，高度可达 1.2 m，不分枝或自基部分枝，具地下茎横向扩散。靠种子和地下根茎繁殖。仅由种子传播。

6．检疫和防治

在生长期或抽穗开花期，到可能生长地进行踏查，根据该植物的形态特征进行鉴别，确定种类，记载混杂情况和混杂率。对进出口和国内调运的种子进行抽样检查。种子每个样品不少于 1 kg，检验是否带有该检疫杂草的种子。化学防治刺龙葵可用 2, 4-D。在秧苗期，刺龙葵对 2, 4-D 较为敏感。机械防治是通过不断严密的刈草或在开花前用锄头分散刺龙葵的植株，以防止其种子的产生。

二十、银毛龙葵

1．分类地位

银毛龙葵（Solanum elaeagnifolium Cay.）属双子叶植物纲（Dicotyledons），茄科（Solanaceae），茄属（Solanum）。

2．分布

原产美洲，在美国、墨西哥、阿根廷、巴西、智利、印度、南非、澳大利亚均有分布。1909 年出现于澳大利亚北墨尔本，现已遍布各大洲。在澳大利亚，银毛龙葵分布于年降雨量在 300～560 mm 的许多地区，常生长于麦田和牧场等地。

3．为害情况

银毛龙葵常侵入麦田和牧场，与其他植物争夺水和养分，是耕地和牧场的主要杂草。银毛龙葵各部分，尤其是成熟果实对动物有毒。常有家畜因此而受损失，牛比绵羊更易受影响，但山羊不受影响。

图 7.19　银毛龙葵

4．植物形态特征

银毛龙葵是一种直立多年生灌木状草本，高 30 ～ 80 cm；茎直立，分支，覆盖着许多细长的橘色刺。表面有稠密的银白色绒毛；叶互生，长 2.5 ～ 10 cm，宽 1 ～ 2 cm，边缘常呈扇形，叶脉上常具刺。花紫色，偶尔白色，通常直径为 2.5 cm 左右，但也可到 4.0 cm，具 5 个联合的花瓣形成的花冠和五个黄色的花药，果实为光滑的球状浆果，直径为 1.0 ～ 1.5 cm，绿色带暗条纹，成熟时呈黄色带橘色斑点。种子轻且圆，平滑，暗棕色，直径为 2.5 ～ 4 mm，每个果实里大约有 75 个种子。

5．生物学特征

多年生草本，在 11 月或 12 月到 4 月开花、结果。死亡的茎带有浆果，通常会保留几个月。种子秋季萌发。幼小的植株在几个月内就可形成庞大的根系。根深，分支多，垂直和水平的根一般超过 2 m。银毛龙葵生命力极强。即使经过收割仍会重新生长出来。甚至处在收割后 2 周到 3 周干燥环境下，仍不能阻止花的形成。种子传播或由其多年生的根进行营养繁殖，根的各个部分都能形成枝芽，1 cm 左右的根，就可成活。种子还可由风、水、机械、鸟类、动物携带传播，大约 10% 的种子经绵羊的消化道也可保持活力。带有成熟果实的死亡植株，种子从母体脱落后，常由风传播。

6．检疫和防治

在生长期或开花期，到可能生长地进行调查，根据该植物的形态特征进行鉴别，确定种类，记载混杂情况和混杂率。对进出口和国内调运的种子进行抽样检查。种子每个样品不少于 1 kg，检验是否带有该检疫杂草的种子。机械防治可对银毛龙葵传播地用机械工具进行彻底清除。一旦发现银毛龙葵出现立即处理，避免让牲畜吃银毛龙葵的果实从而增加种子传播的机会。家畜离开银毛龙葵传播地后需隔离 6～7 d 以防止种子通过消化道传播。因为银毛龙葵具有发达的根系，耕种在某种程度上促进了银毛龙葵种子的传播。银毛龙葵可通过交叉收割然后耕种而暂时得到治理，不要在银毛龙葵盛行之时进行耕种。另外，深翻可以防止花和种子的形成。牧草防治是通过竞争性牧草对银毛龙葵的生长产生影响。尤其是生命力强，夏季生长的植物如紫花苜蓿。化学防治可使用下列除草剂除去牧场的银毛龙葵，2, 4-D- 三异丙醇胺盐和毒莠定；2, 4-D- 乙醇酯；2, 4-D- 异丁基酯；2, 4-D- 异辛基酯；草甘膦异丙胺盐。连续使用可彻底铲除土地上的银毛龙葵。生物防治可以通过 1980 年澳大利亚发现的一种叶片线虫，该线虫对银毛龙葵有防治作用。

二十一、刺萼龙葵

图 7.20　刺萼龙葵

1．分类地位

刺萼龙葵（*Solanum rostratum* Dunal.）属被子植物门（Angiospermae），双子叶植物纲（Dicotyledons），茄目（Solanales），茄科（Solanaceae）。

2．分布

原产新热带区北美洲和美国西南部，除佛罗里达州已经遍布美国，并且已分布到加拿大、墨西哥、俄罗斯、韩国、南非、澳大利亚等国家或地区。目前，黄花刺茄在中国主要分布在东北、华北以及西北的部分省区。具体出现在辽宁省的朝阳县、阜新市、建平县和大连市，吉林省的白城市，河北省的张家口市以及北京市密云区等地。刺萼龙葵以抢占其他植物的阳光、养料、土壤、水分作为自己生存的基础，适应能力和繁殖能力强，是一种高度危险的检疫性有害生物。生长在农田、村落附近、路旁、荒地，能适应温暖气候、沙质土壤，但在干硬的土地上和在非常潮湿的耕地上也能生长。黄花刺茄极耐干旱，蔓延速度极快，其生境主要为荒地、路边、过度放牧的草地、受扰动的地区、废弃地、水塘周围。

3．为害情况

刺萼龙葵具有适应性强、种子产量大、繁殖力强、蔓延速度快等特点，可严重破坏入侵地的生态系统。其植株和果实多刺可扎进牲畜的皮毛，降低牲畜皮毛的价值；如混入饲料中会损伤牲畜的口腔和肠胃消化道；叶、浆果和根中含有生物碱，牲畜误食可引起严重的肠炎和出血，导致中毒甚至死亡。另外它还是茄科有害生物的替代寄主，能帮助其他有害生物建立和维持种群。

4．植物形态特征

刺萼龙葵又叫黄花刺茄，为茄科茄属一年生草本植物。一年生草本，高 30～70 cm。茎直立，基部稍木质化，自中下部多分枝，密被长短不等带黄色的刺，刺长 0.5～0.8 cm，并有带柄的星状毛。

叶互生，叶柄长 0.5～5 cm，密被刺及星状毛；叶片卵形或椭圆形，长 8～18 cm，宽 4～9 cm，不规则羽状深裂及部分裂片又羽状半裂，裂片椭圆形或近圆形。先端钝，表面疏被 5～7 分叉星状毛、背面密被 5～9 分叉星状毛，两面脉上疏具刺，刺长 3～5 mm。

蝎尾状聚伞花序腋外生，3～10 花。花期花轴伸长变成总状花序，长 3～6 cm，果期长达 16 cm；花横向，在萼筒钟状，长 7～8 mm，宽 3～4 mm，密被刺及星状毛，萼片 5，线状披针形，长约 3 mm，密被星状毛；花冠黄色，辐状，径 2～3.5 cm，5 裂，瓣间膜伸展，花瓣外面密被星状毛；雄蕊 5，花药黄色，异形，下面 1 枚最长，长 9～10 mm，后期常带紫色，内弯曲成弓形，其余 4 枚长 6～7 mm。浆果球形，直径 1～1.2 cm，完全被增大的带刺及星状毛硬萼包被，萼裂片直立靠拢成鸟喙状，果皮薄，与萼合生，萼自顶端开裂后种子散出。

种子多数黑色，直径 2.5～3 mm，具网状凹。花果期 6～9 月。

5．生物学特征

一年生或多年生草本，分枝铺散，多刺，通常具星状毛或腺毛。刺萼龙葵仅由种子传播，成熟时，植株主茎近地面处断裂，断裂的植株像风滚草一样地滚动，每一果实可将 8500 颗种子传播得很远。

6．检疫和防治

在生长期或抽穗开花期，到可能生长地进行调查，根据该植物的形态特征进行鉴别，确定种类，记载混杂情况和混杂率。对进出口和国内调运的种子进行抽样检查。种子每个样品不少于 1 kg，检验是否带有该检疫杂草的种子。化学防治刺萼龙葵可用 2, 4-D。当刺萼龙葵秧苗期，对 2, 4-D 较为敏感，但开花后对 2, 4-D 就有很大的抗性。2, 4-D 和麦草畏合在一起用时，效果要比单独使用用好。机械防治可通过不断严密的刈草或在开花前用锄头分散刺萼龙葵的植株，以防止其种子的产生。处理刺萼龙葵的方法是将其铲除后焚烧深埋。生物防治可通过种植沙打旺、紫花苜蓿等本地优势牧草品种来占领刺萼龙葵的生存空间。

二十二、刺茄

图 7.21　刺茄

1. 分类地位

刺茄（*Solanum torvum* Swartz）属被子植物门（Angiospermae），双子叶植物纲（Dicotyledons），茄目（Solanales），茄科（Solanaceae）。

分布：分布在云南（东南部、南部及西南部）、广西、广东、台湾。普遍分布于热带印度、缅甸、泰国、菲律宾、马来西亚，也分布在热带美洲。喜生长在热带地方的路旁、荒地、灌木丛中，沟谷及村庄附近等潮湿地方，海拔 200～1650 m。

2. 为害情况

刺茄可致中毒。

3. 形态和生物学特征

灌木，高 1～2（3）米，小枝，叶下面，叶柄及花序柄均被具长柄，短柄或无柄稍不等长 5～9 分枝的尘土色星状毛。小枝疏具基部宽扁的皮刺，皮刺淡黄色，基部疏被星状毛，长 2.5～10 mm，宽 2～10 mm，尖端略弯曲。叶单生或双生，卵形至椭圆形，长 6～12（19）cm，宽 4～9（13）cm，先端尖，基部心脏形或楔形，两边不相等，边缘半裂或作波状，裂片通常 5～7，上面绿色，毛被较下面薄，分枝少（5～7）的无柄的星状毛较多，分枝多的有柄的星状毛较少，下面灰绿，密被分枝多而具柄的星状毛；中脉在下面少刺或无刺，侧脉每边 3～5 条，有刺或无刺。叶柄长约 2～4 cm，具 1～2 枚皮刺或不具。伞房花序腋外生，2～3 歧，毛被厚，总花梗长 1～1.5 cm，具 1 细直刺或无，花梗长约 5～10 mm，被腺毛及星状毛；花白色；萼杯状，长约 4 mm，外面被星状毛及腺毛，端 5 裂，裂片卵状长圆形，长约 2 mm，先端骤尖；花冠辐形，直径约 1.5 cm，筒部隐于萼内，长约 1.5 mm，冠檐长约 1.5 cm，端 5 裂，裂片卵状披针形，先端渐尖，长 0.8～1 cm，外面被星状毛；花丝长约 1 mm，花药长 3 mm，为花丝长度的 4～7 倍，顶孔向上；子房卵形，光滑，不孕花的花柱短于花药，能孕花的花柱较长于花药；柱头截形；浆果黄色，光滑无毛，圆球形，直径约 1～1.5 cm，宿萼外面被稀疏的星状毛，果柄长约 1.5 cm，上部膨大；种子盘状，直径约 1.5～2 mm。全年均开花结果。种子繁殖。

4．检疫和防治

将现场采集和实验室中发现的疑似刺茄的植株、籽实，通过肉眼、放大镜或体式显微镜观察，根据标准描述的鉴定特征，按系统分类方法进行判定。防治方法有以下几种，（1）加强排查。发布信息介绍该种植物的特征、危害和防控的重要性，我国排查的重点地区是兴安盟、通辽市、赤峰市、乌兰察布市、包头市、锡林郭勒盟和呼和浩特市。（2）严格检疫。刺茄主要通过种子远距离传播，各边境口岸应加强对其的检疫工作，从境内外分布的国家和地区进口农产品时要严格进行检疫，对国内调运的种子进行检查，防止人为传播扩散。（3）机械铲除。在植株生长初期，尤其在 4 片真叶前的幼苗期，生长速度较为缓慢，之后生长速度显著加快，因此，在植株幼小时将其彻底铲除最为安全和有效。刺茄的种子有休眠机制，当年未萌发的种子可能在数年后仍能萌发。所以对于刺茄生长过的地方，一定要予以标记，并要进行多年追踪调查和铲除。（4）化学防治。主要用 2, 4-D 在黄花刺茄开花前进行防治。（5）生物防治。当生长蔓延比较严重、铲除措施不能解决问题时，可采用植物替代方法。紫穗槐和沙棘等植物生长速度快，易形成密丛，种植后可对刺茄有良好的控制效果。（6）加强对刺茄种子的管理和处理。黄花刺茄种子仅保存在少数科学研究和检疫部门，严格按照法规保管。除保留少量种子进行研究和存档外，其余均应予以销毁，以杜绝其散失和传播。

二十三、黑高粱

1. 分类地位

黑高粱（*Sorghum almum* Parodi.）属被子植物门（Angiospermae），禾本目（Poales），禾本科（Poaceae）。

2. 分布

分布在南非、澳大利亚、美国、阿根廷。适生于温暖、潮润的亚热带地区。

3. 为害情况

黑高粱是宿根多年生杂草，结实多，根茎也发达，它以种子和地下根茎进行繁殖，生命力强，适应性广，具有很强的竞争能力，是一种危害很大而难于防治的杂草。黑高粱与假高粱的生长习性基本相同，常混合发生，对农作物造成严重危害，美国大部分地区将假高粱和黑高粱同视为有害杂草。

图 7.22　黑高粱

4. 形态和生物学特征

属多年生草本植物，丛生，杆直立，高 2 ～ 2.5 m，叶片条状披针形，长 30 ～ 80 cm，宽 1.5 ～ 4 cm，叶鞘光滑无毛，常有白粉。颖硬革质，暗红褐色或棕褐色，多显紫黑色，颖果长 2.6 ～ 3.2 mm，宽 1.5 ～ 1.8 mm，厚约 1.0 mm，倒卵形或椭圆形，顶端圆，表面无光泽。以种子和地下根茎繁殖。生长期同于假高粱，一般 4 月中旬以后可萌芽生长，6 ～ 8 月开花，8 ～ 10 月结实。黑高粱种子混杂于商品粮中调运而传播，也可输水流、工具携带等传播。因此必须严防传入及扩散。

5. 检疫和防治

黑高粱在我国少数地区已发生，为了制止其传播、扩散和蔓延，需采取防治措施。加强植物检疫防止黑高粱从国外传入和在国内扩散。带有黑高粱的播种材料或商品粮及其他作物等需按植物检疫条例严加控制。

二十四、假高粱及杂交种

1. 分类地位

假高粱（及杂交种）[*Sorghum halepense*（L.）Pers.（Johnsongrass and its cross breeds）] 属被子植物门（Angiospermae），单子叶植物纲（Monocots），禾本目（Poales），禾本科（Poaceae）。

2. 分布

分布在欧洲的希腊、塞尔维亚、意大利、保加利亚、西班牙、葡萄牙、法国、瑞士、罗马尼亚、波兰、俄罗斯，亚洲的土耳其、以色列、阿拉伯半岛、黎巴嫩、约旦、伊拉克、伊朗、印度、巴基斯坦、阿富汗、泰国、缅甸、斯里兰卡、印度尼西亚、菲律宾、中国，非洲的摩洛哥、坦桑尼亚、莫桑比克、南非，美洲的大部分国家，大洋洲等国家和地区。在不同的生境下有不同的适应性，在我国主要分布在港口、公路边、公路边农田中及粮食加工厂附近，在铁路路基乱石堆中或非常板结的土壤中，也能正常生长、抽穗、成熟，在水田中也能生长。

图 7.23 假高粱及杂交种

3. 为害情况

假高粱是恶性杂草,生长在轮作作物、多年生作物地,对作物危害较严重。可通过生态位竞争使作物减产,还是多种致病微生物和害虫的寄主,此外可与同属其他种杂交,妨碍农田、果园、茶园的30多种作物生长。假高粱具有一定毒性,苗期和在高温干旱等不良条件下,体内产生氢氰酸,牲畜吃了,会发生中毒现象,为最重要的检疫杂草,其繁殖能力非常强,通过种子和地下发达根茎繁殖,一旦定居,很难清除,是世界性的恶性杂草。侵染处,生物多样性明显降低，对本土植物影响较大。

4．形态和生物学特征

一年生或多年生草本，茎秆直立，高达 2 m 以上，具匍匐根状茎。叶阔线状披针形，基部被有白色绢状疏柔毛，中脉白色且厚，边缘粗糙，分枝轮生。小穗多数，成对着生，其中一枚有柄，另一枚无柄，有柄者多为雄性或退化不育，无柄小穗两性，能结实，在顶端的一节上3枚共生，有具柄小穗2个，无柄小穗1个。根茎和种子繁殖。休眠期6个月后，在温度25℃以上发芽率可达20%；籽实从播种到出苗，约需1个月时间，播种90天左右植株陆续抽穗开花。开花处于高温环境，籽实不发育或发育不成熟，开花期收割干物质粗蛋白16%，粗脂肪2.8%，草质中等。5月中旬以前为苗期；5月下旬至6月中旬为分蘖期，6月下旬至7月初为孕穗期；7月中旬至8月初为抽穗期；8月中旬为扬花灌浆期，到10月底以后，地上部生长逐渐减慢并停止。混杂在粮食中的种子是假高粱远距离传播的主要途径。假高粱的根茎可以在地下扩散蔓延，也可以被货物携带，向较远距离传播。

5．检疫和防治

澳大利亚、罗马尼亚和俄罗斯等国曾把假高粱列为禁止输入对象，中国也将它列为对外检疫对象。假高粱在我国仍属局部分布，但我国在进口粮及进口牧草种子经常检出，应严防扩散和传入。假高粱的颖果可随播种材料或商品粮的调运而传播，而且在其成熟季节可随动物、农具、流水等传播到新区去，必须采取防治措施。应防止继续从国外传入和在国内扩散，加强植物检疫，一切带有假高粱的播种材料或商品粮及其他作物等，都需按植物检疫规定严加控制。对少量新发现的假高粱，可用挖掘法清除所有的根茎，并集中销毁，以防止其蔓延。已发生假高粱的作物田，采用根茎灭生性除草剂防除。对混杂在粮食作物、苜蓿和豆类种子中的假高粱种子，应使用风车、选种机等工具汰除干净，以免随种子调运传播。对夹带有假高粱的进口粮，主要对其加工后的下脚料进行粉碎，还可进行熏蒸处理。用氨化法进行化学处理不仅能有效杀死假高粱籽实，还可使下脚料转化为具有较高营养的饲料。

第八章

生活中的检疫处理

一、检疫处理原则和方法

检疫处理是出入境检验检疫机构对经检疫不合格的植物、植物产品和其他检疫物采取的强制性措施。采取检疫处理的原则是，在保证有害生物不传入传出国境的前提下，同时考虑减少经济损失，有利于发展对外经济贸易。能进行除害处理的，尽量进行除害处理；不能进行除害处理或无有效除害处理方法的，坚决作退回或销毁处理。检疫处理的主要方法有：除害，即通过物理、化学和其他方法杀灭有害生物的处理方法，包括熏蒸、消毒、高温处理等；销毁，即用烧、深埋和其他方法消除携带有害生物的检疫物；退回，对不愿销毁的检疫物退给物主，不准入境。

在运输植物及植物产品过程中，铁路、交通、民航和邮政等部门要查验植物检疫证书。市场销售农作物种子、苗木等植物及植物产品时，植物检疫机构也可能进行复检，查验植物检疫证书。因此，单位或个人办理植物检疫证书后，既保证了种子、苗木等植物及植物产品的安全，又可以合法地进行运输和销售，避免因违法调运和销售植物和植物产品而受到罚款、没收、销毁等处罚。

邮寄托运植物、植物产品需要办理植物检疫证书。邮寄、托运的植物、植物产品是检疫性有害生物远距离传播的重要途径。根据《植物检疫条例》的规定，交通运输部门和邮政部门一律凭植物检疫证书承运或收寄应施检疫的植物和植物产品，植物检疫证书应随货运寄。因此，邮寄和托运应施检疫的植物和植物产品时，必须办理植物检疫证书。

　　已经发生疫情的良种场、原种场、苗圃等，应立即采取有效措施封锁控制和消灭疫情。在检疫性有害生物未消灭以前，所繁育的种子、苗木等材料不准调入无病区，经过严格除害处理并经植物检疫机构检疫合格的，方可调运。凡种子、苗木和其他繁殖材料，不论运往何地，在调运之前，都必须经过检疫。试验、示范、推广的种子、苗木和其他繁殖材料，即使不是商品用种，也有传播检疫性有害生物的可能，属于必须实施检疫的范畴。因此，试验、示范、推广的种子、苗木必须经植物检疫机构检疫合格，取得植物检疫证书后，方可进行调运和试验、示范及推广。从国外（含境外）引进用于科学研究、区域试验、对外制种、试种或生产的所有植物种子、种苗、鳞（球）茎、枝条以及其他繁殖材料，在引种前均应办理国外引种检疫审批手续。出国回来携带的少量种子也存在传播检疫性有害生物的风险，也需要经过批准并经检疫合格，方可带入。出国回来携带植物种子（苗）苗木及其他具有繁殖能力的植物材料，必须经计划种植地的省级以上植物检疫机构审批许可，并具有输出国或地区官方机构出具的检疫证书。未经检疫，擅自携带种子、苗木或其他繁殖材料进境的，均属违法行为。鉴于种子传带疫情的复杂性，在没有十分必要的情况下，建议不要从国外带种子回国。引进种苗种植期间一旦发现检疫性或潜在的检疫性有害生物，应立即向种植地植物检疫机构报告，并按照检疫机构要求采取严格的封锁和隔离措施，防止疫情的传出和扩散，同时，根据疫情性质，决定对植物生长设施、容器、土壤及其他生长介质是否进行消毒处理以及在一定时间内是否允许种植同类寄主植物。对于发现严重疫情的，一般应该避免再从同样国家或地区引进同类植物种苗。

对于违反检疫规定调运应检植物、植物产品的行为必须按规定给予相应的处罚，所涉及的物（产）品，应先行封存，然后按规定程序进行检验检疫，并根据检验检疫结果进行相应的处理：检疫合格的，经批评教育或必要的处罚后，所涉及的物品可以正常使用；检疫不合格的，应按照植物检疫机构的要求进行除害处理，处理合格的，可以正常使用，处理不合格或无法进行除害处理的，应予销毁或责令改变用途，由此产生的一切费用由违法当事人承担。

公民发现新的可疑植物病、虫、杂草，应及时向植物检疫机构报告；调运植物、植物产品，要依照植物检疫法律法规的相关规定，向植物检疫机构如实报检，不弄虚作假；积极配合植物检疫机构开展检疫工作，如发现检疫性有害生物或者其他危险性病、虫、杂草，应按检疫机构的要求及时进行处理，并承担处理所需的费用；不得私自夹带未经检疫的植物及其产品入境或出境。在自然界中，植物检疫性有害生物的发生和分布有一定的区域性，他们自身不能远距离传播扩散，但人类活动为这些有害生物的传播提供了可能。我们在日常工作和生活中，如旅游、商务往来、走亲访友、物品运输、邮寄等都可能携带植物和植物产品，如果这些寄主植物被检疫性有害生物侵染，就可能造成疫情的传播蔓延，给农业生产和生态环境带来巨大的损失。因此，大家都要自觉遵守植物检疫法律、法规，防止携带和传播植物疫情，并积极配合和协助植物检疫机构，共同开展好植物检疫工作，保护我国农业生产的安全。

二、除害处理

植物检验检疫处理是针对检疫危险性有害生物，对不符合检疫要求的检疫物进行除害防疫的有效手段，是植物检验检疫的重要环节。检疫处理的程序包括除害处理、退回或销毁处理和禁止出口处理等。除害处理是主体，常用的是物理除害（机械处理，温热处理，微波处理或射线处理等）和化学处理（物理学方法，药物熏蒸，浸泡等）两类。目前国内外在检验检疫中应用最广的是化学药剂熏蒸处理法。在熏蒸杀死害虫的过程中，导致害虫死亡的最重要因素是温度、害虫接触药剂浓度和害虫在这一浓度药剂中的暴露时间。在温度不变的情况下，起决定作用的是害虫接触的药剂浓度和暴露时间的乘积，简称浓度时间积。在使用溴甲烷进行熏蒸处理时，以溴甲烷的浓度时间积作为熏蒸处理的标准，采用这样的标准化熏蒸方法进行检验检疫处理才能获得安全稳定的处理效果。

化学处理法包括以下方法：熏蒸；苗木和植株的其他农药处理；运输工具的化学除害处理等。农药常规除害处理是各国农业有害生物防治中最常用，也是较有效的方法之一。它包括农药的喷雾、喷粉、撒施、根施及拌土等各种农药的常规施用方法。这些除害处理方法主要针对农产品的产地检疫及出口商品检疫中所发现的有害生物实施处理，防止商品携疫出口，喷雾及喷粉也在口岸检疫中得到一定应用。熏蒸除害处理是 20 世纪普遍使用的化学处理方法，具有操作简单、适用面广、经济高效等特点，被广泛应用到木材、粮食、水果、种子、苗木、花卉、木材、药材、土壤、文物、资料、标本上的各类害虫、真菌、线虫、螨类及软体动物的除害处理上。目前植物检疫处理中广泛应用的熏蒸剂主要是杀虫用的溴甲烷、磷化铝和硫酰氟以及杀菌用的环氧乙烷。除此之外，各国学者发现并正在研究用于熏蒸的化学物质还有氰及氰化物、氧硫化碳、高压二氧化碳、二氯松、甲酸乙酯、磷化氢气体及制剂、丙烯等。

物理除害法是人们在探索溴甲烷替代技术中逐步发现和摸索出来的各种既可用于杀灭害虫，又可以达到环境保护要求的除害方法。冷热处理是通过创造有害生物无法忍受而又不伤害被处理物的冷热逆环境，使有害生物得到有效杀灭的一类植物检疫除害处理方法。具体来说可以分为低温处理和热处理。热处理又包括温汤处理、热空气处理、蒸气热处理等。低温处理主要用在水果和蔬菜的除害处理上。尤其是对防范实蝇类害虫的传播，低温处理被认为是最好的方法之一。低温处理的最大缺点是耗时长，并需要先进的制冷设备。热处理技术的优点是高效、快速、不污染环境、对操作人员无危害、经济，比药剂处理快速彻底。热空气处理根据其热源的不同分为干热处理（强制循环处理，湿度控制在 30% 以下）和湿热处理（蒸热处理，湿度在 100% 或接近 100%）。两者的不同点在于处理过程中是否有活性水蒸气的存在，采用两种方法都能达到杀虫灭菌的效果。此外，热水处理也是热处理的一种，水果处理中常用热水浸泡处理。热处理方法也有明显的缺点。热处理法容易因为货物中心温度没达到要求而造成处理失效。如处理松材线虫感染的木材，常因处理物中心没能达到所需温度而造成处理失效。热水浸泡法处理水果会缩短水果贮藏期，并产生植物毒性；处理苗木、花卉会造成叶片干缩、失绿等现象，且各种苗木对热水的耐性差异很大，不易掌握。被处理物品种类受限制，处理时间长，有时会影响品质。

辐射处理相对熏蒸处理具有安全可靠、操作方便、无污染、经济适用等优点。辐射处理的国际认可经历了漫长过程，随着各国政府的支持和国际立法的提出，以及美国辐射检疫法规的制定，世界粮农组织将辐射作为一种检疫处理方法。微波处理是用高频电磁波使生物体因蛋白质受热变形而死。微波杀虫是一门新兴的技术，具有速度快、效果好、无残毒、无污染、操作简便等优点，特别适合邮检、旅检的除害处理工作需要。处理方法是对随机抽取的植物种子样品置于微波炉载物盘上摊开，然后开机进行不同处理温度和时间的杀虫处理，在达到预定的处理温度后停机，待停机 24 小时后，检查灭虫效果。

高低压处理技术是一种结合熏蒸剂的物理处理方法。与传统方法相比，高低压处理对环境的破坏和对人体的危害都较小。这一技术利用在高压状态下突然减压会使物体膨胀的原理。具体做法是将稻谷放在处理槽内，通入二氧化碳。二氧化碳就会渗透到害虫成虫、幼虫的体内及虫卵内部，而几乎不渗透进谷粒。然后将槽内气压升高到 3 MPa，持续数分钟后突然减压。这时，几乎所有的害虫都会因身体膨胀破裂而死，虫卵也被毁坏，谷粒则基本不受影响。

除了上述除害处理方法外，还有用盐水或海水浸泡灭虫，用离子水处理黄瓜白粉病及葡萄炭疽病，可能成为日后的植物检疫除害处理方法。

三、木质包装材料的检疫处理

热处理是木质包装材料的检疫处理常用方法，必须保证木材中心温度至少达到56℃，持续30分钟以上。窑内烘干、化学加压浸透或其他处理方法只要达到热处理要求，可以视为热处理。溴甲烷熏蒸处理是指常压下，按下列温度、剂量（g/m^3）和最低浓度要求（g/m^3）标准处理。最低熏蒸温度不应低于10℃，熏蒸时间最低不应少于16小时。出境货物木质包装除害处理标识加施企业的热处理库应保温、密闭性能良好，具备供热、调湿、强制循环设备，如采用非湿热装置提供热源的，需安装加湿设备。配备木材中心温度检测仪或耐高温的干湿球温度检测仪，且具备自动打印、不可人为修改或数据实时传输功能。供热装置的选址与建造应符合环保、劳动、消防、技术监督等部门的要求。热处理库外具备一定面积的水泥地面周转场地。设备运行能达到热处理技术指标要求。熏蒸处理应具备经检验检疫机构考核合格的熏蒸队伍或签约委托的经检验检疫机构考核合格的熏蒸队伍。熏蒸库应符合《植物检疫简易熏蒸库熏蒸操作规程》的要求，密闭性能良好，具备低温下的加热设施，并配备相关熏蒸气体检测设备。具备相应的水泥硬化地面周转场地，配备足够的消防设施及安全防护用具。厂区道路及场地应平整、硬化，热处理库、熏蒸库、成品库及周围应为水泥地面。厂区内无杂草、积水，树皮等下脚料集中存放处理。热处理库、熏蒸库和成品库与原料存放场所、加工车间及办公、生活区域有效隔离。

成品库应配备必要的防疫设施，防止有害生物再次侵染。配备相应的灭虫药械，定期进行灭虫防疫并做好记录。